Fascicule X

MÉMORIAL DES SCIENCES PHYSIQUES

PUBLIÉ SOUS LE PATRONAGE DE

L'ACADÉMIE DES SCIENCES DE PARIS

DES ACADÉMIES DE BELGRADE, BRUXELLES, BUCAREST, COÏMBRE, CRACOVIE, KIEW, MADRID, PRAGUE, ROME, STOCKHOLM (FONDATION MITTAG-LEFFLER), AVEC LA COLLABORATION DE NOMBREUX SAVANTS.

DIRECTEURS :

Henri VILLAT et Jean VILLEY

FASCICULE X

Détermination expérimentale des efforts intérieurs dans les solides

PAR M. AUGUSTIN MESNAGER

Membre de l'Institut, Inspecteur général des Ponts et Chaussées en retraite,
Professeur au Conservatoire national des Arts et Métiers
et à l'École nationale des Ponts et Chaussées.

PARIS
GAUTHIER-VILLARS ET Cie, ÉDITEURS
LIBRAIRES DU BUREAU DES LONGITUDES, DE L'ÉCOLE POLYTECHNIQUE
Quai des Grands-Augustins, 55

1929

MÉMORIAL

DES

SCIENCES PHYSIQUES

PARIS. — IMPRIMERIE GAUTHIER-VILLARS ET Cie
85805-29. Quai des Grands-Augustins, 55

MÉMORIAL

DES

SCIENCES PHYSIQUES

PUBLIÉ SOUS LE PATRONAGE DE

L'ACADÉMIE DES SCIENCES DE PARIS

DES ACADÉMIES DE BELGRADE, BRUXELLES, BUCAREST, COÏMBRE, CRACOVIE, KIEW, MADRID, PRAGUE, ROME, STOCKHOLM (FONDATION MITTAG-LEFFLER), ETC., AVEC LA COLLABORATION DE NOMBREUX SAVANTS.

DIRECTEURS :

Henri VILLAT et Jean VILLEY

FASCICULE X

Détermination expérimentale des efforts intérieurs dans les solides

PAR M. AUGUSTIN MESNAGER

Membre de l'Institut, Inspecteur général des Ponts et Chaussées en retraite,
Professeur au Conservatoire national des Arts et Métiers
et à l'École nationale des Ponts et Chaussées.

PARIS

GAUTHIER-VILLARS ET Cie, ÉDITEURS

LIBRAIRES DU BUREAU DES LONGITUDES, DE L'ÉCOLE POLYTECHNIQUE

Quai des Grands-Augustins, 55

1929

AVERTISSEMENT

La Bibliographie est placée à la fin du fascicule, immédiatement avant la Table des Matières.

Les numéros en caractères gras, figurant entre crochets dans le courant du texte, renvoient à cette Bibliographie.

DÉTERMINATION EXPÉRIMENTALE

DES

EFFORTS INTÉRIEURS DANS LES SOLIDES

Par M. Augustin MESNAGER,

Membre de l'Institut, Inspecteur général des Ponts et Chaussées en retraite,
Professeur au Conservatoire national des Arts et Métiers
et à l'École nationale des Ponts et Chaussées.

INTRODUCTION.

1. Les problèmes d'élasticité présentent de grosses difficultés mathématiques. C'est cependant seulement par les méthodes de la théorie de l'élasticité qu'on peut connaître les tensions réelles produites à l'intérieur des solides soumis à des efforts. La résistance des matériaux ne donne que des indications, en général insuffisamment démontrées, qui ont besoin de confirmation.

Il est donc de la plus grande utilité d'avoir un moyen expérimental pour déterminer les tensions réelles à l'intérieur d'un solide soumis à un état de contrainte.

Un premier moyen de vérification consiste à mesurer le changement de longueur d'un élément du corps solide. Cela permet d'obtenir l'effort par unité de section normale au contour rectiligne d'un corps mince. Au dehors de ce contour, en effet, il n'y a pas de matière qui puisse exercer d'effort dans d'autre direction et modifier la longueur par l'action du coefficient de Poisson.

On peut appliquer la formule connue

$$\delta l = l \frac{F}{\Lambda} \frac{1}{\varepsilon} = l \frac{\nu}{\varepsilon} \tag{1}$$

(∂l allongement de la longueur l, causé par la force F appliquée à une tige droite ayant une section droite d'aire A; ε module d'Young; $\nu = \frac{F}{A}$ tension parallèle au contour).

On peut même appliquer la méthode à des points intérieurs d'un corps mince d'épaisseur constante, soumis à des forces situées dans son plan quand par des raisons quelconques, telles que la symétrie, on connaît la direction des tensions principales (nous rappellerons plus loin la définition de la tension principale). En faisant, en effet, la mesure de l'allongement dans chacune des deux directions principales ν_1 et ν_2, on a

$$(2)\qquad \begin{cases} \partial l_1 = \dfrac{l_1}{\varepsilon}(\nu_1 - \eta\nu_2), \\ \partial l_2 = \dfrac{l_2}{\varepsilon}(\nu_2 - \eta\nu_1) \end{cases}$$

(η, coefficient de Poisson). Ce système de deux équations du premier degré à deux inconnues permet d'obtenir ν_1 et ν_2 :

$$(3)\qquad \begin{cases} \nu_1 = \dfrac{\varepsilon}{1-\eta^2}\left(\dfrac{\partial l_1}{l_1} + \eta\dfrac{\partial l_2}{l_2}\right), \\ \nu_2 = \dfrac{\varepsilon}{1-\eta^2}\left(\dfrac{\partial l_2}{l_2} + \eta\dfrac{\partial l_1}{l_1}\right). \end{cases}$$

On peut avoir les directions principales en un point quelconque en traçant un petit cercle en ce point; il se transforme sous l'action des efforts extérieurs en une ellipse dont on détermine avec un microscope muni d'un micromètre les deux axes: ce sont les directions principales.

Les allongements ∂l, ∂l_1, ∂l_2 peuvent être mesurés avec un microscope à réticule mobile par vis micrométrique ou à échelle dans le plan focal. En général, les ingénieurs préfèrent se servir d'appareils amplificateurs. Ils utilisent surtout l'appareil Manet-Rabut, construit par la maison Bourdon, amplifiant 250 fois. La figure 1 donne une idée de cet appareil et de ses dispositions. Il est aujourd'hui l'accessoire indispensable des essais d'ouvrages métalliques. On s'en sert aussi pour les ouvrages en béton armé en fixant à l'avance sur ceux-ci des pattes en fer pour le supporter.

Quand les efforts ont lieu dans un seul sens et que l'expérience doit être prolongée, on peut éliminer l'effet des changements de longueur par variations de température et imbibition (s'il s'agit de béton armé ou de maçonnerie) en montant deux appareils perpendiculairement l'un à l'autre sur la même longueur.

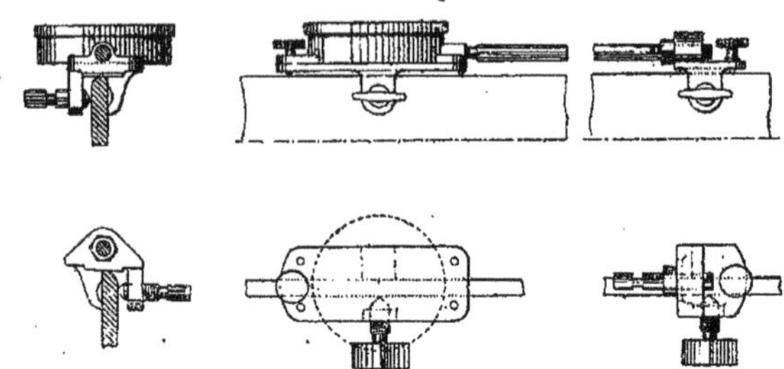

Détail du mécanisme.

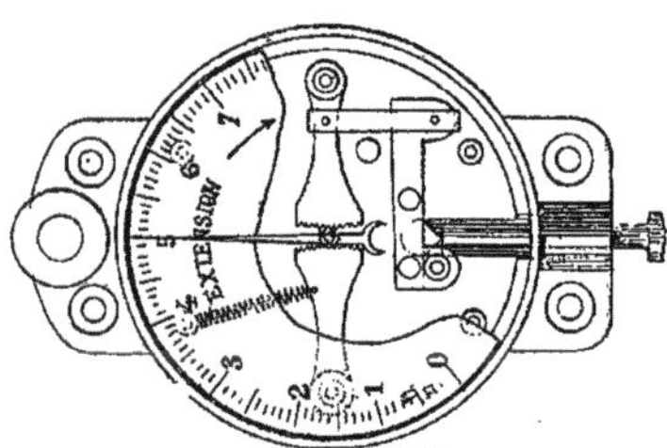

Fig. 1. — Appareil Manet-Rabut.

Par exemple, dans une pile de pont, on aurait, dans le sens de la longueur,

$$\delta l = l\left(\frac{\nu_1}{\varepsilon} + x\right),$$

et dans le sens de la largeur,

$$\delta' l = l\left(x - \eta\frac{\nu_1}{\varepsilon}\right),$$

d'où, en retranchant,

$$\nu_1 = \varepsilon\,\frac{\delta l - \delta' l}{l(1+\eta)}.$$

Ces appareils ont un inconvénient grave, ils ne donnent que l'allongement total sur la longueur l; donc, quand l'allongement varie d'un point à l'autre sur la longueur l, on n'obtient qu'une moyenne de l'allongement par unité de longueur dans l'intervalle l. Le minimum de la longueur sur laquelle on puisse opérer est 25cm, ce qui est trop pour beaucoup de recherches.

J'ai fait construire vers 1903, par la maison Richard, un appareil

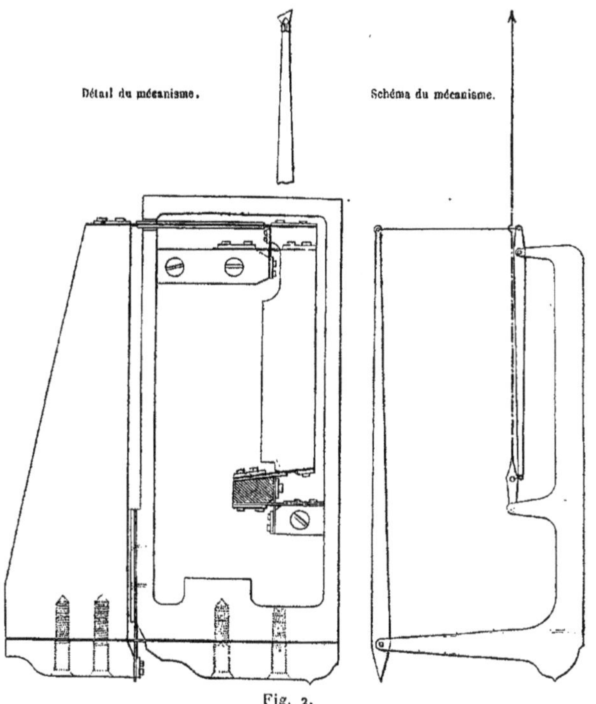

Fig. 2.

opérant sur une longueur moindre, 50mm, et pouvant même enregistrer la déformation. J'y suis parvenu en utilisant une amplification par leviers, maintenus et commandés par les articulations sans jeu, à lames flexibles, que j'avais préconisées (1) déjà pour d'autres applications (*fig.* 4).

(1) *Annales des Ponts et Chaussées*, 3e trimestre 1903.

Fig. 3. — Appareil à leviers.

Pour être en équilibre stable, cet appareil repose sur trois points : A, B, C. En A et B, il s'attache au métal par des pointes qui le solidarisent et permettent de mesurer la variation de la longueur AB. En C l'appareil repose par une surface courbe (*fig.* 5).

J'ai cherché à aller plus loin et j'ai réussi au moyen des franges de

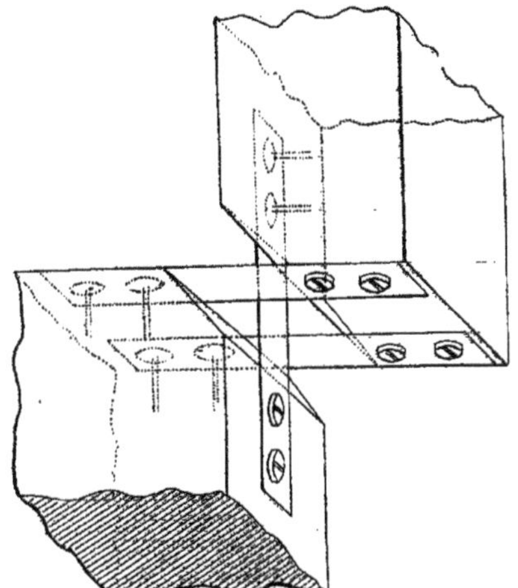

Fig. 4. — Articulation à lames flexibles.

superposition à mesurer les allongements sur 32^{mm}. L'appareil est transportable, indéréglable, donc toujours prêt à fonctionner, mais il nécessite un éclairage et l'examen des franges par une lunette (1).

M. Preuss, de Darmstadt, a réussi à faire des mesures sur des longueurs plus courtes (3^{mm},3 et même 0^{mm},7), en employant des miroirs tournants comme amplificateurs (2), et a pu en tirer des conclusions intéressantes pour la répartition des tensions dans le voisinage des trous et entailles.

Mais quelque petites que soient ces longueurs, elles sont encore

(1) *Annales des Ponts et Chaussées*, 3e trimestre 1903.
(2) *Zeitschrift des Vereines Deutscher Ing.*, 24 août 1912, p. 1349.

souvent relativement trop longues; il est très utile de pouvoir déterminer les tensions en un point géométrique.

Une méthode empruntée à la théorie de la polarisation permet ces mesures d'une façon précise et donne en même temps des vues d'en-

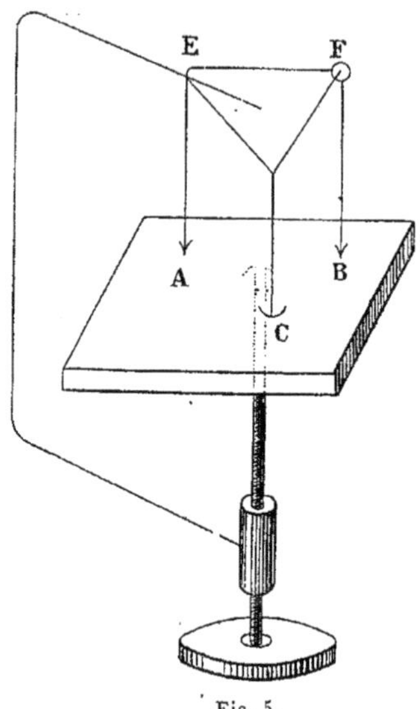

Fig. 5.

semble. C'est cette méthode et ses applications que je me propose de développer ici.

On sait actuellement rendre visibles les tensions intérieures qui peuvent exister dans les solides transparents en utilisant la double réfraction accidentelle. On peut espérer que quelque jour il sera possible d'y réussir dans les corps non transparents, mais jusqu'à présent aucune méthode n'est au point. On peut seulement y déterminer les tensions au moyen des déformations.

Les constructeurs ont également besoin journellement de calculer des constructions présentant des sections variables, suivant des lois compliquées, et des liaisons surabondantes. M. Beggs, professeur à Princeton, New-Jersey (États-Unis), a imaginé une méthode ingénieuse, fondée sur le théorème de réciprocité de Maxwell qui peut, au moyen d'expériences sur des modèles en papier ou en celluloïd, leur rendre de grands services [1].

La méthode indiquée ci-dessous peut leur fournir les renseignements que leur donne la méthode Beggs et d'autres encore, mais elle nécessite une installation plus compliquée.

Il me paraît indispensable, pour les lecteurs qui ne s'occupent pas constamment d'équilibre intérieur des corps élastiques et de double réfraction, de rappeler sommairement quelques notions auxquelles je serai obligé de recourir.

CHAPITRE I.

NOTIONS D'ÉLASTICITÉ.

2. **Équilibre intérieur.** — Les corps *solides*, dont nous nous servons couramment pour la construction et les arts, se déforment élastiquement sous des efforts suffisamment faibles. Ils reprennent leurs dimensions quand ces efforts cessent d'agir. En général, ils sont peu déformables dans cette période dite *élastique*. Presque toujours, tout élément de droite qu'on peut imaginer dans le corps change de moins d'un millième de sa longueur dans la période élastique. Je mets de côté, bien entendu, le caoutchouc qui est exceptionnel au point de vue de l'amplitude de ses déformations élastiques : ce n'est pas à proprement parler un corps solide.

Cette faible déformabilité permet, quand on étudie les conditions d'équilibre des solides, de négliger leurs déformations. En mécanique, on le fait d'une façon courante en déterminant les relations entre les forces extérieures qui agissent sur des corps indéformables : on peut admettre la même approximation lorsqu'on étudie les efforts intérieurs.

3. **Conséquence de la constitution des solides.** — On admet que les corps solides sont formés de molécules dont les centres sont à de très faibles distances les uns des autres. En particulier, la connais-

---

(1) *Comptes rendus*, 26 mars 1923, t. 176, p. 885.

sance du nombre d'Avogadro (qu'ont déterminé avec tant d'élégance M. Perrin et d'autres par des procédés très différents), en faisant connaître le nombre des molécules des gaz et vapeurs, permet de déterminer celui des molécules du solide constitué par la condensation de ces corps. On peut ainsi obtenir le nombre de molécules par centimètre cube, et par conséquent la distance de leurs centres. Elle est de l'ordre de grandeur du dix-millième de micron (10^{-4} micron) ou Angström. Les grosses molécules de la chimie organique ont des centres distants de trois ou quatre fois cette unité.

Imaginons dans un solide un plan le séparant en deux parties; il semble rationnel d'admettre que les attractions qui se produisent individuellement entre les molécules forment par leur somme sa résistance à l'arrachement suivant ce plan. Au delà d'une certaine limite de rapprochement, elles exercent une répulsion qui constitue la résistance à la pénétration qu'on appelle la *dureté*.

Si nous considérons le solide limité à un plan, une molécule située dans le voisinage de ce plan subira les actions de toutes les molécules situées de l'autre côté et qui ne sont pas trop éloignées. Les modifications considérables dans les actions de capillarité, produites par une couche très mince de matière interposée, ont permis de fixer à $\frac{1}{100}$ de micron l'ordre de grandeur du *rayon d'action* des molécules.

Ces actions sont vraisemblablement de même nature que l'attraction newtonienne, mais la loi de l'inverse du carré de la distance n'est pas exacte aux très petites distances. Les attractions sont beaucoup plus grandes; celles, qu'on obtiendrait en partant de l'expérience de Cavendish et de la loi de Newton, sont négligeables vis-à-vis de celles que nous considérons ici.

Envisageons, par exemple, l'action produite par un cube dont l'arête aurait $\frac{1}{100}$ de millimètre : seule la *couche superficielle* de ce cube pourra agir sur des molécules voisines. Si nous prenons ce cube comme élément infiniment petit dans nos calculs approximatifs, il ne pourra agir sur les éléments voisins que par sa couche superficielle, épaisse de $\frac{1}{100}$ de micron. Si, pour raisonner sur des choses que nous avons plus l'habitude de manier, nous supposons que nous sommes munis d'un appareil optique nous permettant de voir ce cube grossi linéairement 100000 fois sans déformation, nous apercevrons des éléments de 1^{m^3} qui ne pourront réagir sur les éléments du voisinage que par leur surface jusqu'à une profondeur de 1^{mm} au maximum. On est donc conduit, en poussant les choses à l'extrême, pour les soumettre plus facilement au calcul, sans modifier de façon appréciable les résultats, à localiser dans la surface même les actions des éléments les uns sur les autres.

La molécule qui se trouve tout près de notre cube de $\frac{1}{100}$ de millimètre est sollicitée par toutes les molécules comprises dans une sphère d'un rayon égal à $\frac{1}{100}$ de micron. Dans ce volume, il y a environ un million de molécules. Donc, quand par un déplacement quelconque très petit on transporte la molécule, on déplace sa sphère d'action, de cette sphère sort une molécule, puis en rentre une autre, etc. La variation de l'action des molécules contenues dans la sphère sur la molécule voisine subit des oscillations de l'ordre du millionième de sa valeur moyenne.

Quand, au lieu d'une molécule, on prend en considération toutes celles du volume contigu au centième de millimètre cube considéré et qui agissent sur celles qu'il contient, les variations sont encore moindres dans un déplacement. On peut dire que les attractions et les répulsions donnent des résultantes qui ne varient, pour un petit déplacement en un sens quelconque, que d'une façon continue.

Si l'on fait varier les dimensions d'un élément superficiel, la force transmise à travers lui variera d'une façon continue et sera proportionnelle à son aire.

Tout se passe donc à une approximation considérable, bien supérieure à celle que l'expérience permet d'obtenir par des mesures de résistance et de déformation comme si le corps solide était formé d'une *matière continue* agissant sur les parties voisines par sa *surface seule*.

Pour calculer, le mathématicien pourra envisager le corps solide comme une sorte de gelée continue, élastique.

4. Conséquence de l'équilibre intérieur du solide. — En général, les conditions d'équilibre exigent que la résultante des forces transmises à travers un élément de section, imaginé à l'intérieur d'un solide, soit oblique par rapport à la surface de cette section.

Pour préciser le langage autant que possible dans ce qui va suivre, je n'envisagerai que les forces extérieures qui agissent sur un élément de volume, non les réactions de cet élément. Je désignerai les forces par des majuscules romaines, F par exemple, et l'aire par A. J'appellerai *contrainte* le quotient d'une force extérieure, dirigée vers l'extérieur, par l'aire de l'élément sur lequel elle agit, $\frac{F}{A} = \rho$, en désignant la contrainte, force par unité de surface, au moyen d'une lettre grecque.

La contrainte peut se décomposer en deux composantes : une normale ν et une tangentielle τ. J'appellerai la composante normale ν *tension* quand elle est dirigée vers l'extérieur. Je l'appellerai ϖ *pression* (*fig.* 6) quand elle est dirigée vers l'intérieur du corps limité à

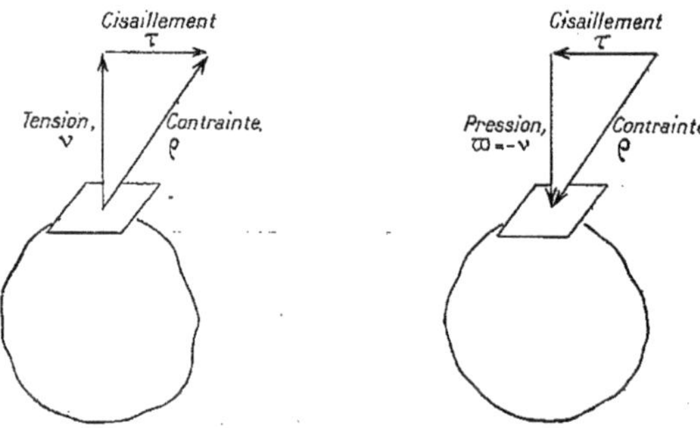

Fig. 6.

l'élément. J'appellerai *traction* la force qui, divisée par l'aire de la surface solide, donne la tension, *poussée* celle qui, divisée par l'aire de l'élément, donne la pression. Quand je ne préciserai pas de sens des forces, j'emploierai les mots force ou effort. J'appellerai la composante tangentielle de la contrainte, *cisaillement*.

C'est en posant les conditions d'équilibre d'un tétraèdre infiniment petit, limité à trois plans de coordonnées passant par ce point et à un plan quelconque infiniment voisin qu'on étudie la variation de la contrainte avec la direction des plans passant en un point. On appelle *direction d'un plan* celle de la normale à ce plan dirigée vers l'extérieur du corps. Si l'on se donne les tensions au point considéré sur les trois plans de coordonnées, la contrainte sur l'élément mobile est déterminée par la direction de l'élément. La contrainte est finie et ne peut varier que d'un infiniment petit de sa valeur en transportant l'élément à une distance infiniment petite. Au moyen de l'équilibre du tétraèdre, on peut donc déterminer la contrainte en grandeur et direction en fonction de la direction de l'élément à l'origine (définie par sa normale).

Lamé a montré, en utilisant l'équilibre du tétraèdre précédent, que toutes les *contraintes* sur le plan mobile, portées à partir de l'origine à une échelle arbitraire, sont limitées à un ellipsoïde appelé *ellipsoïde de Lamé*. Une seconde surface, appelée *surface directrice*, a pour directions conjuguées celles du plan et de la contrainte. L'ellipsoïde et la surface directrice ont leurs axes dirigés dans le même sens. Il en résulte que, en chaque point, la plus petite contrainte et la plus grande sont normales aux éléments sur lesquels elles agissent. On appelle *directions principales* celles des trois axes de ces surfaces, et *tensions principales* les tensions qui ont ces directions.

On préfère parfois utiliser la construction de Mohr pour étudier les tensions agissant sur l'élément plan mobile passant par un point. Cette construction consiste à décomposer la contrainte sur l'élément plan en la tension ν (perpendiculaire à ce plan) et la tension tangentielle τ ou cisaillement (dirigée dans cet élément suivant la projection de la contrainte sur l'élément), en faisant coïncider les éléments.

Si, à partir d'une origine (*fig.* 7) O prise sur une droite OA, on

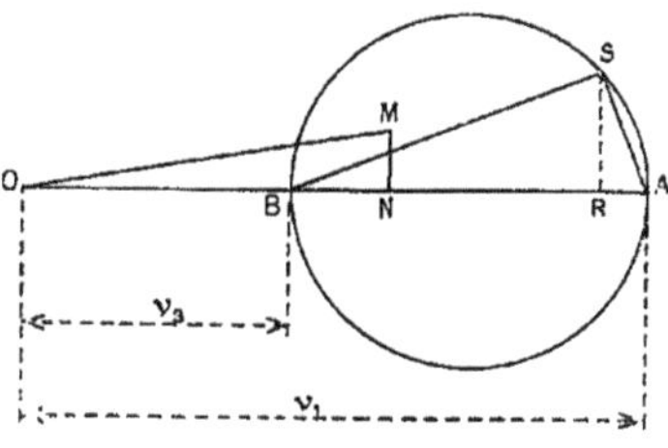

Fig. 7.

porte la tension ON et perpendiculairement à son extrémité le cisaillement NM, de sorte qu'on ait en OM la position de la contrainte par rapport à la normale OA à l'élément et qu'on répète cette construction pour toutes les directions de l'élément, on obtient un ensemble de points M. On démontre [1] que tous ces points M sont à l'intérieur d'une circonférence (cercle de Mohr, décrit sur AB, différence entre la plus grande et la plus petite tension principale, ν_1 et ν_2). Les points de la circonférence correspondent aux contraintes qui agissent sur les éléments passant par l'axe principal moyen. Le plan qui supporte la contrainte OS est celui dont la direction fait, avec l'axe ν_1, l'angle SBA, et avec l'axe ν_3, l'angle SAB. Le plus grand cisaillement est donc

$$\tau_M = \frac{\nu_1 - \nu_2}{2};$$

on peut le désigner sous le nom de *cisaillement principal*. La direction du plan sur lequel il agit fait, d'après ce qui précède, un angle de 45° avec chacun des axes extrêmes, c'est-à-dire de la plus grande et de la plus petite tension. On sait trouver ces résultats directement sans passer par la construction de Mohr. Elle a l'avantage de présenter les résultats sous une forme géométrique simple et de fournir encore d'autres indications utiles dans beaucoup de recherches. Je n'en dirai pas plus pour ne pas allonger inutilement.

La connaissance des trois tensions principales $\nu_1 > \nu_2 > \nu_3$ suffit à définir les tensions agissant sur tous les plans quelconques menés au même point, et par conséquent, l'état d'équilibre du point. On montre facilement qu'une seule tension principale ν_α produit, sur un plan dont la direction fait un angle α avec la direction de cette tension,

$$\nu = \nu_\alpha \cos^2 \alpha,$$
$$\tau = \nu_\alpha \cos \alpha \sin \alpha.$$

En composant les tensions dues à chacune des trois tensions principales, on obtient la contrainte agissant sur un plan quelconque. On a, en particulier, pour la composante normale ν ou tension sur ce plan,

$$\nu = \nu_1 \cos^2 \alpha + \nu_2 \cos^2 \beta + \nu_3 \cos^2 \gamma.$$

Le cisaillement sur ce plan est la résultante géométrique de trois cisaillements qui ne se projettent malheureusement pas dans le même sens et qu'on détermine généralement par une autre méthode.

---

[1] Pour la démonstration en français, voir la *Revue de Métallurgie*, 1922 : Mémoires, p. 368; en allemand, *voir* les ouvrages de MOHR.

5. **Théorie de l'élasticité.** — C'est une science qui a pour but, étant connus les efforts qui agissent sur un corps, de déterminer les contraintes et déplacements en tous les points de ce corps. Elle utilise : 1° les conditions de l'équilibre intérieur; 2° les déformations produites par la loi de Hooke, allongements proportionnels aux tensions. Pour relier entre elles les contraintes qui agissent en des points différents, on écrit : 1° les équations de l'équilibre de l'élément; 2° on exprime la continuité en précisant que les contraintes doivent être telles que les éléments déformés ne cessent pas de se raccorder. Cela implique qu'un plan quelconque imaginé dans le corps prenne par sa déformation la même courbure, quand on le considère comme délimitant les éléments qui sont à sa droite, que lorsqu'on le considère comme délimitant les éléments qui sont à sa gauche. On met ainsi en jeu des équations différentielles qu'il est souvent difficile ou même impossible actuellement d'intégrer.

Aussi une méthode expérimentale simple, permettant de se passer de cet appareil mathématique pour arriver rapidement aux résultats, est-elle très avantageuse.

CHAPITRE II.

LIGNES ISOSTATIQUES ET LIGNES ISOCHROMATIQUES.

6. **Méthode expérimentale.** — La méthode expérimentale que je vais exposer ne s'applique qu'aux problèmes à deux dimensions, c'est-à-dire à ceux dans lesquels les déplacements et les tensions sont tous dans un même plan et ne dépendent que de deux coordonnées dans ce plan. Les ingénieurs, dans les problèmes de résistance des matériaux qu'ils ont à résoudre, n'ont le plus souvent qu'à envisager des problèmes à deux dimensions. Elle peut donc leur être d'une grande utilité.

On se propose d'abord d'avoir en chaque point la direction des deux *tensions principales* situées dans le plan des forces. Les tensions principales, quand on se déplace suivant leur direction d'une quantité infiniment petite, changent infiniment peu de direction. En suivant, après un premier déplacement infiniment petit, la nouvelle direction principale sur une longueur infiniment petite, pour prendre une nouvelle direction principale au point d'aboutissement et ainsi de suite, on engendre une *ligne isostatique*. En chaque point, il y a deux directions isostatiques perpendiculaires ; il existe donc deux familles de lignes isostatiques, chacune des lignes d'une famille étant trajectoire orthogonale de celles de l'autre famille. Des lignes isostatiques, suffisamment rapprochées, fournissent la direction de toutes les tensions principales. Il faut, en outre, pour être entièrement renseigné sur l'état de contrainte du solide, connaître la *valeur* de chacune de ces tensions principales en chaque point.

On arrive à ces déterminations par l'emploi de la double réfraction accidentelle.

7. **Double réfraction accidentelle.** — Pour les physiciens, il suffit de dire qu'une lame de verre bien recuit est isotrope, que soumise à des efforts dans son plan, elle propagera en chaque point des vibrations dirigées suivant les directions principales de ce point et les transmettra avec une vitesse plus faible dans le sens de la plus grande tension que dans le sens perpendiculaire. On aura à la sortie deux vibrations ayant une différence de marche proportionnelle à l'épaisseur et aux différences des tensions principales

$$e(\nu_1 - \nu_2).$$

Donc, entre un polariseur et un analyseur rectilignes croisés, on apercevra une ligne noire passant par tous les points : 1° où la différence des tensions principales sera nulle, et 2° où les tensions principales seront parallèles aux plans de polarisation de l'analyseur et du polariseur. Le 1° donnera des points singuliers et le 2° une courbe dite isocline, qui sera le lieu des points où les tensions principales auront une inclinaison connue, celle des plans de polarisation. Les lignes isochromatiques seront les lieux d'égale différence des tensions principales. Cette différence pourra être mesurée avec un compensateur approprié.

Entre un polariseur et un analyseur circulaire, on aura :

1° En noir les points singuliers où la différence des tensions principales est nulle;

2° Les lignes isochromatiques et pas de ligne isocline.

On peut donc facilement déterminer les directions principales en chaque point et la différence des tensions principales ; c'est ce que savait faire Maxwell.

Pour les ingénieurs moins versés dans la physique, nous donnons les explications suivantes que les autres pourront sauter jusqu'au paragraphe 9.

On sait qu'on peut rendre compte des phénomènes lumineux, en admettant avec Fresnel que la lumière est un mouvement vibratoire qui se propage dans une direction perpendiculaire aux déplacements constituant ses vibrations. C'est analogue à la propagation des ondes à la surface de l'eau. Quand on laisse tomber une pierre dans l'eau, il se forme des ondes ou rides, déplaçant la surface perpendiculairement à son plan. Ces ondes se propagent (avec une vitesse qui dépend de la profondeur), suivant des rayons tracés sur la surface, donc dans une direction perpendiculaire aux déplacements de cette surface.

Une meilleure image est donnée par la propagation de concamérations le long d'une corde. Supposons une cordre très longue fixée à son extrémité et tenue à la main à son origine. Si l'on déplace brusquement la main d'une petite quantité, on voit une déformation perpendiculaire à la direction de cette corde cheminer le long de celle-ci (*fig.* 8). Les déplacements sont perpendiculaires encore à la direction

Fig. 8.

de propagation. Si la main donne des déplacements rythmés dans un plan perpendiculaire à la direction de la corde, on aura une image assez exacte d'un rayon lumineux (*fig.* 9). La main peut encore

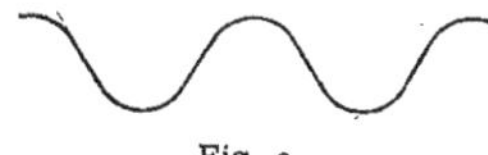

Fig. 9.

décrire un petit cercle ou une ellipse d'un mouvement continu dans un plan perpendiculaire à la corde ; cette déformation se propagera de la même façon, elle sera l'image de la lumière dite *circulaire* ou de la lumière dite *elliptique*.

Certains appareils formés de corps cristallisés sont disposés de façon à ne laisser passer que les vibrations se produisant dans un seul plan fixe passant par la direction du rayon lumineux. Ces appareils joueront le même rôle que, dans notre image de la corde, une plaque portant une fente, plaque qu'on disposerait dans un plan perpendiculaire à la corde, celle-ci passant par la fente (*fig.* 10). Tout mou-

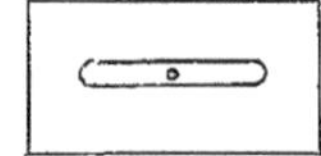

Fig. 10.

vement imprimé à la corde par la main, s'il est perpendiculaire à la direction de la fente, ne pourra franchir celle-ci. Elle ne laissera donc passer que la projection du déplacement sur le plan passant par la corde et la fente. Après la fente, la corde ne propagera que des vibrations dans le plan passant par cette fente (plan horizontal dans le cas de la figure 10).

La lumière, formée de vibrations situées dans un seul plan, est dite *polarisée* rectilignement et l'appareil formé de matière cristallisée, qui produit sur la lumière l'effet de la fente sur la corde, est dit *polariseur*.

Si sur la corde nous plaçons au delà de la première fente une seconde fente perpendiculaire à la première (*fig.* 11), celle-ci ne

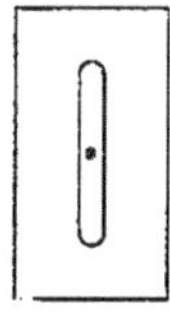

Fig. 11.

pourra donner passage à aucune des vibrations *polarisées* qui l'atteignent puisqu'elles sont perpendiculaires à sa direction. Au delà de la seconde fente, la corde sera en repos.

Pour la lumière, nous réaliserons le même effet en plaçant un appareil semblable au polariseur, mais dont nous aurons fait tourner l'axe autour du rayon lumineux d'un angle droit. Cet appareil, appelé *analyseur* (parce qu'il aurait pu servir à étudier, à analyser cette lumière), éteindra la lumière. L'ensemble d'un polariseur et d'un analyseur ainsi disposés est généralement dénommé *polariseur et analyseur croisés*. En interposant entre une flamme, une lampe électrique ou tout appareil qui met en mouvement les vibrations lumineuses et l'œil d'un observateur, un polariseur et un analyseur croisés, l'œil n'aperçoit plus rien. L'ouverture par laquelle il regardait lui apparaît obscure.

Plaçons entre le polariseur et l'analyseur croisés une feuille de verre isotrope, c'est-à-dire ayant mêmes propriétés en tous sens, ce qu'on obtient par un recuit suffisant suivi d'un refroidissement très lent, l'observateur ne distingue rien. Mais si nous comprimons le verre dans une direction perpendiculaire au rayon lumineux, différente de celle des vibrations que laisse passer l'analyseur ou le polariseur, la lumière reparaît.

Cela tient à ce qu'une matière anisotrope, comme le verre comprimé, décompose la vibration incidente en deux, une dans la direction de la compression, une dans la direction perpendiculaire. C'est le même phénomène que celui de la vibration d'une cloche ou d'un timbre qui n'est pas de révolution autour de son axe, qui a une base elliptique, par exemple. Les vibrations, au bout d'un temps extrêmement court après un choc, sont décomposées en deux, l'une dans le sens du grand axe, l'autre dans le sens du petit. L'instrument donne deux notes différentes, qui, si les deux axes de l'ellipse sont peu différents, produisent les battements à longue période de beaucoup de cloches.

Si les deux vibrations se propageaient avec la même vitesse dans le verre comprimé, à la sortie elles recomposeraient dans l'air la vibration incidente, la vibration plane du polariseur, mais les mesures ont montré que la vibration ayant lieu dans le sens comprimé se propage plus vite que celle ayant lieu dans le sens perpendiculaire. Ces deux vibrations à la sortie du verre ne sont plus en phase l'une avec l'autre et leur superposition donne de la lumière elliptique. C'est un phénomène analogue au champ tournant produit par deux champs alternatifs perpendiculaires entre eux et déphasés. On aurait de la lumière vibrant circulairement, dite *lumière circulaire*, si les deux composantes étaient égales et déphasées d'un quart de période, ce qui se produit si la pression est à 45° sur la direction des vibrations du polariseur et l'épaisseur du verre convenable. Si l'angle est différent, les deux composantes sont inégales et l'on a de la lumière elliptique. Cette vibration elliptique tombant sur l'analyseur donne, en général, une projection non nulle sur la direction de vibration qu'il est susceptible de laisser passer (surtout avec de la lumière blanche où le cas de l'ellipse réduite à une droite ne se produit pas pour toutes les couleurs à la fois); la *lumière reparaît pour l'observateur*.

Il en serait de même si le verre était tendu perpendiculairement au rayon, dans un plan non confondu avec la direction du plan des vibrations que laisse passer l'analyseur ou le polariseur. La vibration dans la direction de la tension marcherait avec une vitesse moindre que dans la direction perpendiculaire, et la *lumière serait rétablie pour l'observateur* pour toutes les couleurs dont le déphasage n'est pas un nombre entier de périodes.

On peut dire qu'en général, la lumière est rétablie toutes les fois que les *deux directions des tensions principales* dans la surface de verre considérée *ne sont pas en coïncidence avec les directions des vibrations rectilignes que peuvent laisser passer l'analyseur et le polariseur croisés*. Si les tensions principales sont en coïncidence, le polariseur ne laisse passer que des vibrations rectilignes coïncidant avec une direction principale du verre. Celui-ci ne transmet que ces vibrations, la projection sur la seconde direction principale étant nulle, à la sortie du verre on n'a donc que des vibrations dans la direction du polariseur. L'analyseur ne peut laisser passer que des vibrations perpendiculaires, il éteint toutes les autres; donc rien ne passe.

Si nous appelons directions principales du système polariseur et analyseur croisés les directions des vibrations que l'un ou l'autre peut laisser passer, nous pourrons dire que *la lumière est éteinte toutes les fois qu'il y a coïncidence des directions principales du verre et de l'appareil de polarisation*.

Considérons une feuille de verre soumise à des efforts quelconques en équilibre, dirigés dans son plan. En général, les directions principales varient en chaque point de la feuille et sont tangentes à des courbes continues dites isostatiques formant deux familles rectangulaires D, D′, D″, . . . et C, C′, C″, ... Si la feuille se trouve entre un polariseur et un analyseur croisés, le système ne laisse passer aucune lumière dans tous les points où les tensions principales sont parallèles aux directions principales de l'appareil de polarisation (*fig.* 12).

En observant à travers ce système, on voit une *courbe noire* II′, appelée *courbe isocline* (pointillé mixte), parce qu'elle est le lieu des points où les tensions principales ont la même inclinaison, celle du polariseur et de l'analyseur. Si l'on a tracé des lignes isostatiques (lignes pleine et en pointillé allongé de la figure), la ligne isocline sera le lieu des points obtenus en menant les tangentes, parallèles à OP direction du polarisateur, à l'une des familles de courbes D,

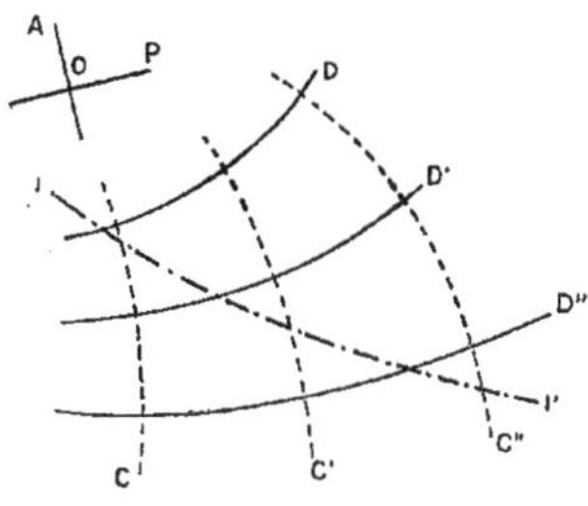

Fig. 12.

D′, D″, ... de la figure 12 ou les tangentes parallèles à OA, direction de l'analyseur à l'autre famille de courbes C, C′, C″ (qui est orthogonale à la première). Le polariseur n'est pas cependant attaché à une famille plutôt qu'à l'autre, on peut intervertir à volonté les directions du polariseur et de l'analyseur.

Si l'on imprime une rotation au système, polariseur et analyseur croisés, la feuille de verre ne bougeant pas, la courbe II′ se déplacera d'une façon continue et balaiera toute la surface de la figure. Quand le système aura tourné d'un angle droit, on aura obtenu toutes les directions possibles de tangente de 0° à 90° pour une famille, de 90° à 180° pour l'autre. Le sens n'étant pas défini, il n'y a pas d'autre direction (*fig.* 13). Si l'on continuait la rotation, on reproduirait les mêmes courbes isoclines.

Si l'on ne connaît pas les lignes isostatiques et qu'on ait, au contraire, tracé par expérience les lignes isoclines, on peut en déduire les lignes isostatiques et, par conséquent, les directions des contraintes principales en chaque point du verre. Sur chacune des lignes isostatiques, telle que II′, on trace des éléments de droites parallèles à OP, par exemple, et on les prolonge jusqu'à la ligne isocline infiniment voisine. On trace alors, en chaque point de cette ligne rencontrée par un de ces éléments de droite, un nouvel élément dans la direction de OP correspondant à cette nouvelle courbe. En opérant d'une façon continue, on trace une famille de lignes isostatiques, ce qui permet d'obtenir la direction des contraintes principales en chaque point. *On peut donc ainsi déterminer expérimentalement la direction des tensions principales en chaque point.*

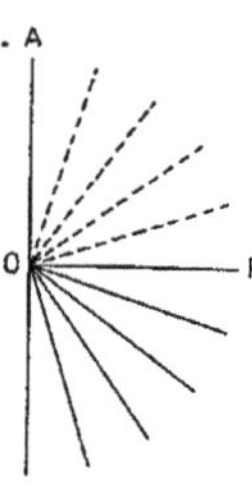

Fig. 13.

On peut relever au laboratoire les courbes isoclines par la photographie, ce qui permet de tracer ensuite au bureau, avec une installation appropriée, les courbes isostatiques.

8. **Différence des tensions principales.** — Ayant déterminé la direction des tensions principales, positives ou négatives, il s'agit de déterminer leur valeur.

Wertheim avait indiqué en 1854 le procédé suivant pour déterminer la différence des tensions principales :

On place dans une direction oblique entre un polariseur et un analyseur croisés un morceau de verre qu'on soumet à une tension uniforme ν dans un seul sens (*fig.* 14). La lumière reparaît comme nous l'avons déjà dit, mais, de plus, elle est, en général, colorée. En variant la tension, on a des colorations différentes. Si l'on dresse un tableau des tensions expérimentées et qu'on y porte, en face de la valeur de la tension, la couleur observée, on peut ensuite au moyen de la coloration estimer la valeur de la tension.

On constate que si, à une tension ν_1, exercée sur le verre dans un sens, on superpose une tension ν_2 perpendiculaire et égale, on retombe à l'obscurité (*fig.* 15). Si la seconde tension n'est qu'une fraction de la première, on obtient la même coloration qu'avec une tension unique $\nu = \nu_1 - \nu_2$. La coloration est indépendante de l'angle des directions principales avec OA et OP; elle n'est influencée que par la différence des tensions principales.

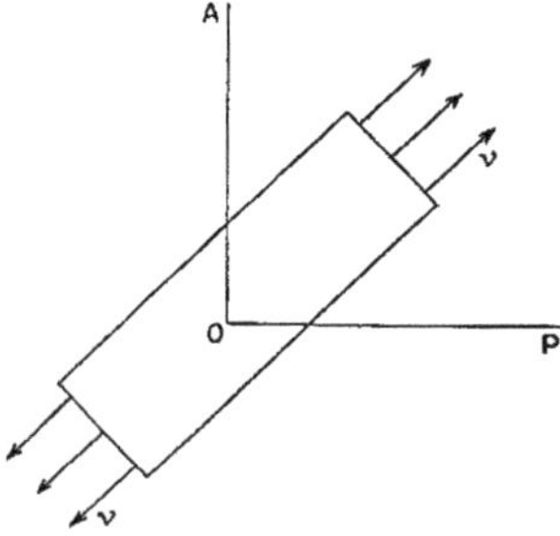

Fig. 14.

Si l'on fait varier l'épaisseur e du verre en maintenant la tension constante, on constate, conformément à la théorie, que la coloration dépend de

$$|e(\nu_1 - \nu_2)|.$$

C'est donc un premier procédé pour obtenir la différence des tensions principales (1).

Dans l'observation des lignes de même couleur dites *isochromatiques*, qui définissent les points où la différence des tensions principales a une valeur déterminée, on est souvent gêné par la présence des lignes noires *isoclines*. On peut faire disparaître ces dernières par différents procédés. Celui qui se présente le premier à l'esprit consiste à imprimer un mouvement de rotation rapide au système, ana-

(1) Succession des teintes, comme dans les anneaux de Newton par réflexion : noir, blanc laiteux, brun, bleu, incolore, jaune, pourpre, vert, jaune, rouge, vert, etc. On voit généralement six retours du vert avant d'arriver à des différences de tensions trop grandes pour donner autre chose que du blanc.

En observant une pièce de verre soumise à des efforts suffisamment faibles, on n'aperçoit que du noir et du blanc. C'est parfait pour déterminer les lignes isoclines. En augmentant proportionnellement tous les efforts, les lignes isoclines ne changent pas, mais les courbes colorées se déplacent.

lyseur et polariseur croisés; les lignes isoclines déplacées rapidement disparaissent pour l'observateur, tandis que les lignes isochromatiques restent fixes; mais des vibrations de l'appareil peuvent donner du flou aux photographies des lignes isochromatiques.

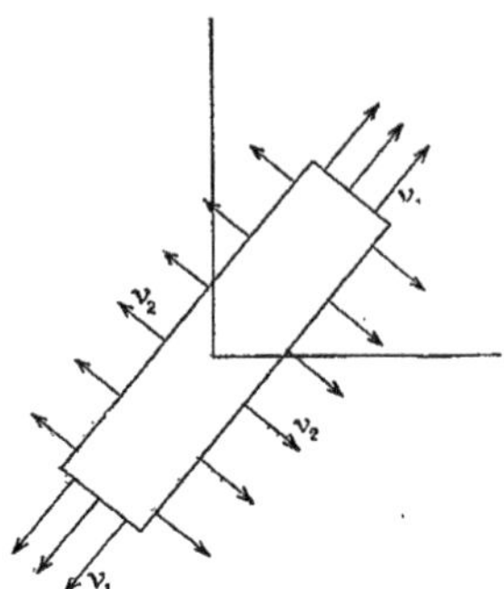

Fig. 15.

Il est préférable de placer une *lame quart d'onde* (lame cristalline, généralement en mica, d'épaisseur telle qu'elle déphase d'un quart d'onde les vibrations transmises), à 45° sur le polarisateur et à sa suite, ce qui donne de la lumière circulaire et constitue un *polariseur circulaire*. En constituant avec une lame quart d'onde, à 45° sur l'analyseur et placée avant lui, un *analyseur circulaire*, le système polariseur et analyseur circulaires donnera les mêmes colorations et supprimera les lignes isoclines. On aura alors seulement les lignes isochromatiques [1]. S'il y a des points noirs ou des lignes noires, ce seront les lieux des points où *toutes les tensions principales sont égales* et n'ont plus de direction définie.

A titre d'exemple, on peut prendre un triangle équilatéral en verre

[1] En employant de la lumière monochromatique, on obtiendrait des courbes noires correspondant à des différences de marche $\frac{\lambda}{2}$, $\frac{3\lambda}{2}$, $\frac{5\lambda}{2}$, ... Elles permettraient de déterminer les différences de tension avec une précision encore plus grande. En particulier, avec la bakélite qui est facile à tailler, et qui, sous des différences de tensions principales au moins cinq fois plus petites que le verre, donne les mêmes différences de marche et qui peut être recuite pour supprimer la trempe, on peut obtenir de très bons résultats.

trempé. Les points singuliers sont le centre, les trois points vers le cinquième des hauteurs à partir de la base et les sommets du triangle. En particulier, les efforts principaux peuvent être nuls, ces points sont alors des points *neutres* (sommets de la figure 16).

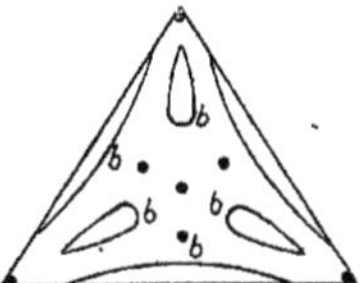

Fig. 16.

On trouve des courbes formées de points singuliers au contour d'un disque circulaire isotrope comprimé entre les deux extrémités d'un diamètre (*voir* plus loin, § 25, p. 54).

Les corps isotropes au repos ou uniformément comprimés dans tous les sens du plan, constituent des régions de points singuliers.

En comparant figure 16 les points singuliers et figure 17 les lignes

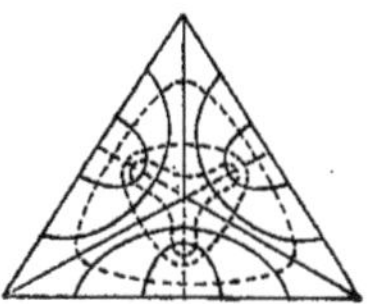

Fig. 17.

isostatiques, on se rend compte de la disposition très particulière des lignes isostatiques aux abords de chacun de ces points singuliers isolés (1). Ces points jouant un rôle très important dans le tracé des lignes isostatiques, il me paraît nécessaire de les étudier d'un peu plus près.

9. **Points singuliers isolés, traversés par une seule isocline.** — Ces

(1) Les hauteurs entre les sommets et le centre font partie de la famille figurée en traits pleins; entre le centre et le point singulier suivant de la famille figurée en pointillé; en traits pleins au delà.

points singuliers sont les points où la différence des tensions principales est nulle, puisqu'ils se comportent comme une substance isotrope. Les deux tensions principales étant égales, l'ellipse de Lamé y est un cercle. Par conséquent toute direction y est principale, par chacun de ces points passera la ligne isocline se rapportant à une direction principale quelconque. Ce sont donc des points fixes par lesquels passent les lignes isoclines.

Deux cas peuvent se présenter :

Ou bien les lignes isoclines tournent dans le même sens que les directions isostatiques leur correspondant, dans ce cas le point a été appelé par M. Friedel, *point singulier de première espèce;*

Ou bien les lignes isoclines tournent en sens inverse des directions isostatiques leur correspondant, c'est alors un *point singulier de seconde espèce.*

Un point singulier ne peut être partie de première espèce, partie de seconde espèce. Car si à partir d'une direction AM le plan de polarisation tournant dans un sens constant, la ligne isocline changeait de sens de rotation, elle repasserait sur des positions précédemment occupées. Dans ces positions on aurait deux directions principales faisant un angle aigu entre elles, donc les directions principales y seraient indéterminées. On aurait donc un domaine ne contenant que des points singuliers.

Un tel domaine se rencontre dans un corps soumis à une pression uniforme en tous sens. Mais alors on ne voit aucune ligne isocline, le domaine entre polariseur et analyseur croisés est constamment obscur, les lignes isoclines le couvrent entièrement.

On peut également rencontrer des courbes formées de points singuliers, nous en verrons plus loin un exemple (Contour du cylindre comprimé par des forces opposées, p. 54).

Mais pour le moment nous ne considérons que des points isolés.

10. **Points singuliers de première espèce.** — Aux abords d'un point singulier de première espèce, les courbes isostatiques tournent leur concavité vers le point.

Soient AB et AC deux courbes isoclines passant par le point (*fig.* 18). La normale en B et la normale en C à la courbe isostatique BC se rencontrent du même côté de BC que A. En effet, si la direction isostatique ne tournait pas, les normales à la courbe isostatique en B et C seraient parallèles; mais, puisqu'elles tournent dans le même sens que les lignes isoclines, CD rencontre BD du même côté que A. Donc la courbe BC tourne sa concavité vers A.

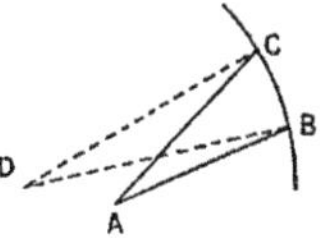

Fig. 18.

Un mobile lancé dans la direction BC subissant une attraction venant de A décrirait une trajectoire concave vers le point A; on peut, par analogie mnémotechnique, désigner les points singuliers de première espèce sous le nom de points singuliers *attractifs*.

En général quand la courbe isostatique est infiniment voisine de A, elle tourne de 180° autour de A. Elle ne peut se fermer (*fig.* 19),

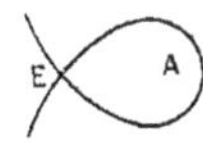

Fig. 19.

parce que, si elle se fermait, le point où les deux branches se recouperaient sous un angle aigu serait encore un point singulier, et l'on aurait des points singuliers infiniment voisins, ce que nous avons exclu.

Les deux branches à la limite forment une courbe double se terminant au point A. La figure 20 donne donc l'aspect de l'une des familles de courbes.

Fig. 20.

La seconde famille formée des trajectoires orthogonales des premières est facile à tracer (pointillé allongé). Elle présente la même allure en sens inverse (*fig.* 21).

On peut remarquer que la *ligne isostatique double au point singulier, est tangente en ce point à la direction isostatique qu'elle définit*. En effet si nous considérons la courbe isostatique double, et

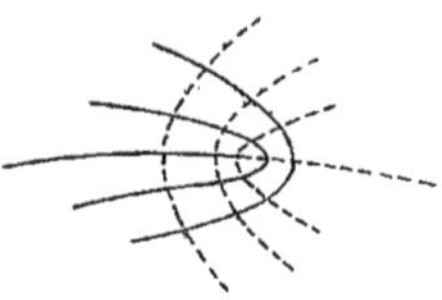

Fig. 21.

que nous cherchions les tangentes à une direction quelconque autre que celle de la courbe double, nous aurons les points de contact concentrés en A (*fig.* 22) et les directions des lignes isoclines feront des

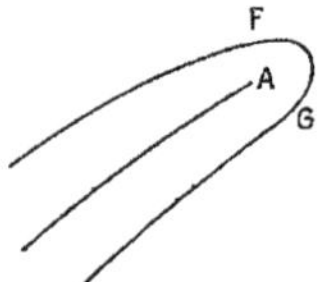

Fig. 22.

angles non nuls avec la courbe double. Mais quand nous arriverons à la direction de la courbe, nous aurons deux points de contact non confondus le long de la courbe, points qui appartiendront tous deux à la direction isostatique et à la direction isocline.

Le sens du mobile parcourant les directions isostatiques infiniment voisines du point singulier, tourne de 180° depuis le sens se rapprochant du point jusqu'à la direction s'en éloignant, suivant la courbe double. Pendant cette rotation le sens de l'isocline issue de A et allant au mobile a tourné de 360°. Les directions isoclines tournent donc en moyenne deux fois plus vite que les directions isostatiques.

Partons de là et supposons à la fois que la proportion ne varie pas et que les lignes isoclines soient des droites, on peut construire l'aspect de lignes isostatiques près d'un point singulier attractif. Dans la parabole du second degré, la tangente tourne avec une vitesse moitié de celle du rayon vecteur venu du foyer. En effet elle est bissectrice de l'angle de ce rayon vecteur et de la parallèle à l'axe, les accroissements de son angle sont donc moitié des accroissements de l'angle du rayon vecteur et de même sens.

Si l'on trace par le point singulier une droite, les paraboles homofocales ayant le point singulier pour foyer et la droite pour axe, formeront deux familles de courbes rectangulaires (bissectrices de deux angles supplémentaires) concaves vers le point singulier (*fig.* 23).

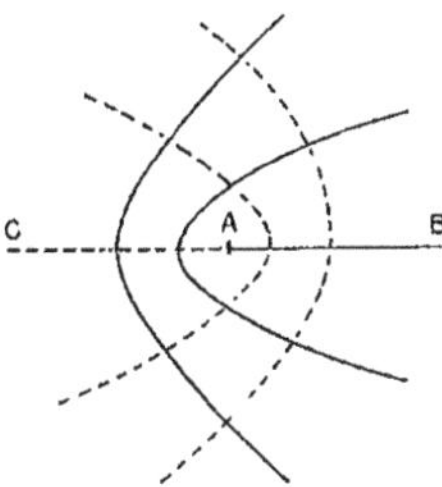

Fig. 23.

C'est le cas de l'attraction en raison inverse du carré de la distance (courbe des comètes).

Sur AB la direction isostatique est partout AB, sauf en A; la ligne CB est donc l'isocline de direction AB. La direction CB est à la fois isocline et isostatique. Cette direction est la seule jouissant de cette propriété.

11. Points singuliers de seconde espèce. — Par le raisonnement fait pour les points de première espèce, on reconnaît que les courbes isostatiques tournent leur convexité vers le point singulier de seconde espèce, que ces points se comportent vis-à-vis d'un mobile lancé suivant la courbe comme les points répulsifs.

L'angle de rotation du sens isocline issu de A étant ω et celui de l'isostatique α, on voit que la rotation de l'isostatique par rapport à l'isocline est $\alpha + \omega$ (*fig.* 24). Quand l'isocline a occupé tous les sens possibles à partir de A, ω a augmenté de 360° et α de 180°. Elles ont tourné l'une par rapport à l'autre de six angles droits. Donc leurs directions ont été confondues trois fois. Il y a donc à partir de A trois sens dans lesquels ces directions sont confondues.

Si nous supposons que α soit constamment égale à $\frac{\omega}{2}$, et qu'on parte d'une direction dans laquelle elles sont confondues, on trouvera trois sens $\omega + 0,5\,\omega = 180°$, également espacés de 120° dans lesquels les deux directions isoclines et isostatiques seront confondues, et l'on aura la figure 25 pour les lignes isostatiques.

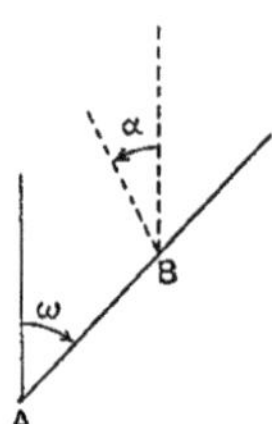

Fig. 24.

Si la proportion $\alpha = \frac{\omega}{2}$ n'existe pas partout, mais seulement en moyenne, il y aura encore les trois directions, mais leurs angles pourront ne pas être égaux. Enfin il est possible qu'il y ait plus de trois asymptotes.

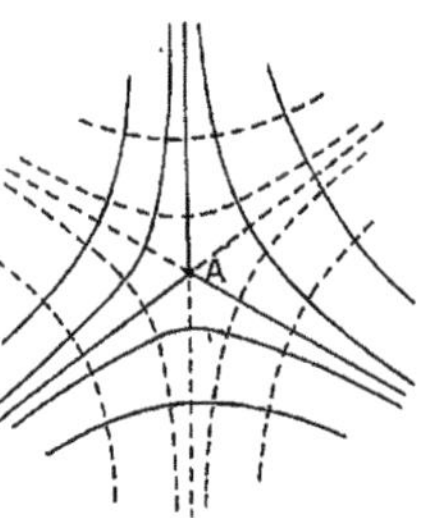

Fig. 25.

En particulier, sur les contours et aux points anguleux des corps, on trouve des points singuliers de seconde espèce avec des asymptotes à angles différant de 120°.

12. Points singuliers isolés, traversés par deux isoclines. — Nous en verrons (§ 24, p. 49) un exemple dans lequel les deux isoclines sont perpendiculaires et confondues avec les isostatiques. Une famille d'isostatiques est alors formée de cercles concentriques au point, et l'autre de rayons passant par le point.

Cela correspondant soit à une force agissant sur un contour, soit à un vide très petit dans un solide, soit à un mandrinage en un point.

En ces points la rotation des isoclines s'opère avec la même vitesse que celle des isostatiques.

13. Points singuliers successivement rencontrés par une isocline. Ils sont d'espèces différentes. — La ligne isocline passant par deux points singuliers A et B (*fig.* 25 *bis*), tourne autour de cha-

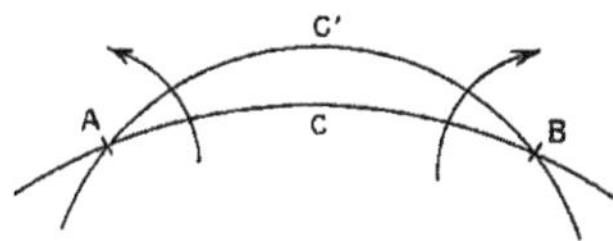

Fig. 25 *bis*.

cun en sens différent quand les plans de polarisation tournent. Elle ne peut en effet se recouper entre les deux points, sans quoi on aurait entre eux un autre point singulier, A et B ne seraient pas deux points successivement rencontrés. Dans ces conditions la ligne AB tourne autour de ces points en sens différent.

Mais les directions de polarisation tournent dans toute la figure dans le même sens en passant d'une isocline à l'autre; donc si l'un des points est de première espèce, l'autre est de seconde.

CHAPITRE III.

VALEURS DES TENSIONS PRINCIPALES.

14. Mesure de la différence des tensions principales. — Pour déterminer avec précision la différence des tensions principales on procède par compensation, en employant une méthode de zéro. En superposant à un morceau de verre qui subit deux tensions principales ν_1 et ν_2, $\nu_1 > \nu_2$, un autre morceau d'épaisseur e' tendu uniformément sous une tension mesurable, parallèle à ν_2, on obtiendra l'obscurité quand

$$e(\nu_1 - \nu_2) - e'\nu = 0.$$

Le procédé consistera donc, connaissant les directions principales d'une pièce en essai, à placer un prisme de verre parallèlement à l'une de ces directions, et à soumettre ce prisme à des efforts de traction ou de pression au moyen de poids ou d'un ressort taré, jusqu'à arriver à produire l'obscurité. A ce moment, la compensation sera réalisée et l'on obtiendra $\nu_1 - \nu_2$, si l'on a mesuré toutes les autres quantités entrant dans la dernière équation, ce qui est facile.

Au lieu d'un compensateur en verre tendu qui est ce qu'il y a de plus exact, mais qui n'est pas toujours commode à manier, on peut employer un compensateur de Jamin ou de Babinet orienté parallèlement aux axes principaux pour ramener l'obscurité. Malheureusement, pour une épaisseur traversée de quartz, les différentes radiations lumineuses, transmises parallèlement aux axes, ne prennent pas des différences de marche exactement proportionnelles à celles qu'elles prendraient dans du verre soumis à une tension. On n'aura donc qu'une compensation imparfaite si $e(\nu_1 - \nu_2)$ est grand. Pour des valeurs ne dépassant pas par exemple 30 kg/mm, on obtient des résultats très suffisants. Le quartz équivalant à peu près à du verre soumis à des efforts principaux de différence fixe; au lieu de faire varier la tension, on fera varier l'épaisseur employée.

Un compensateur de Babinet, par exemple, pourra être gradué en traçant la ligne du zéro aux points où il donne un trait noir entre deux nicols croisés, ligne d'égale épaisseur des deux quartz à angle droit l'un sur l'autre. D'un côté, à intervalles égaux, on trace des traits parallèles. Ils correspondront à la compensation, par exemple, d'une tension d'un kg/mm² exercée sur une section parallèle au trait dans un morceau de verre de dix millimètres d'épaisseur. On inscrira de ce côté *tension* et à chaque trait un chiffre donnant la valeur de

$$e(\nu_1 - \nu_2).$$

De l'autre côté, on inscrira *pression* et des chiffres égaux.

Quand le compensateur, orienté parallèlement à une tension principale en un point M d'une pièce de verre, ramènera l'obscurité en couvrant le point M avec le trait marqué n, côté tension, on pourra dire : en M, *sur la section parallèle aux traits, le verre subit une tension* ν_1 *plus grande que dans le sens perpendiculaire et telle que*

$$(\nu_1 - \nu_2)e = n.$$

15. **Mesure de leur somme.** — La différence des tensions étant connue, pour arriver à connaître les tensions, il faut connaître une seconde fonction de celle-ci; la plus simple est leur somme. On peut se procurer facilement cette somme, ainsi que je l'ai fait remarquer dans mon rapport imprimé au *Congrès international des méthodes d'essai des Matériaux de construction* en 1900, t. I, p. 153. Quand un corps subit une tension ν_1, son épaisseur diminue de $e\frac{\nu_1}{\varepsilon}\eta$ (ε étant le module d'Young et η le coefficient de Poisson). S'il subit une seconde tension perpendiculaire ν_2, son épaisseur diminue encore de $e\frac{\nu_2}{\varepsilon}\eta$, de sorte que sous deux tensions principales ν_1 et ν_2 il perd en épaisseur

$$d = \frac{\varepsilon}{e}\eta(\nu_1 + \nu_2).$$

Il suffit donc de mesurer d pour obtenir $\nu_1 + \nu_2$. On peut obtenir cette différence qui est de l'ordre du micron au moyen d'une amplification par levier et glace tournante. C'est le procédé qu'a adopté M. Coker, professeur à University College, à Londres. On peut aussi utiliser des franges d'interférence. Je préfère ce dernier procédé. Un appareil appelé *latomètre* donne facilement cette mesure au moyen des franges de superposition. Dans ces appareils, on mesure la variation d'épaisseur au moyen d'un compensateur Pérot et Fabry convenablement gradué.

On peut aussi mesurer la différence de marche, prise sous l'application des efforts par chaque rayon polarisé dans le sens d'une tension principale, on obtient deux équations de la forme

$$d_1 = e(\alpha\nu_1 + \beta\nu_2).$$

On en tire les tensions ν_1 et ν_2. Cette méthode précise est appliquée à Zurich par son auteur M. Favre.

16. **Valeur de la méthode.** — Si les résultats obtenus n'étaient valables que pour une matière unique, ils auraient un intérêt, mais assez restreint. Heureusement qu'on sait, depuis une remarque faite par Maurice Lévy (*Comptes rendus*, mai 1908), que les tensions en élasticité à deux dimensions ne dépendent pas des coefficients d'élasticité dans un grand nombre de cas. En effet, ces problèmes sont définis par les trois systèmes d'équations suivants :

1° Les équations de l'équilibre intérieur. Elles ne dépendent pas des coefficients d'élasticité, ce sont des relations entre les dérivées des tensions.

2° L'équation qui exprime le raccordement des éléments à deux dimensions (¹). Elle est

$$\Delta(\nu_x + \nu_y) = 0,$$

$$\left(\Delta = \frac{\partial^2}{\partial x^2} + \frac{\partial^2}{\partial y^2}, \qquad \nu_x \text{ et } \nu_y \text{ tensions parallèles à } Ox \text{ et } Oy\right).$$

3° Les conditions aux limites.

Si ces dernières ne contiennent pas les coefficients d'élasticité, ces coefficients ne figurent dans aucune des équations du problème et, par conséquent, la solution en sera indépendante. C'est le cas, par exemple, d'un corps limité à un contour extérieur fermé et soumis à des forces données le long de ce contour.

17. Maxima ou minima des tensions intérieures. — *La courbe isocline est perpendiculaire à la tension principale qui passe par un maximum ou un minimum.*

En effet, l'équation d'équilibre des éléments limités à des courbes isostatiques est

$$(a) \qquad \left\{\begin{aligned} \frac{\partial \nu_1}{\partial s_1} + \frac{\nu_1 - \nu_2}{r_1} &= 0, \\ \frac{\partial \nu_2}{\partial s_2} + \frac{\nu_2 - \nu_1}{r_2} &= 0 \end{aligned}\right.$$

[ν_1, ν_2, tensions principales; s_1 et s_2, longueurs comptées sur les courbes isostatiques tangentes respectivement à ν_1 et ν_2; r_1 et r_2, rayons de courbure comptés du centre vers la courbe dans le sens de s_1 et s_2 (*fig.* 26)].

En effet, en projetant sur la direction r_1, on a (*fig.* 27) : force sur AB,

$$-\nu_1 \, ds_2;$$

(¹) Maurice Lévy n'a pas donné de démonstrations de cette condition. On peut la démontrer en se rappelant que Lamé a montré que $\Delta\theta = 0$, pages 68 et 69 de ses *Leçons sur l'élasticité*. Or $\nu_x + \nu_y + \nu_z = (\lambda + 2\mu)\theta$ d'après les équations (1) de la page 65, donc si $\nu_z = 0$ (corps mince), $\Delta(\nu_x + \nu\ ) = 0$; de même si $\nu_z = \eta(\nu_x + \nu_y)$ (corps d'épaisseur fixe).

force sur CD,

$$\left(\nu_1 - \frac{\partial \nu_1}{\partial s_1} ds_1\right)(ds_2 + \mathrm{DD'}), \qquad \mathrm{DD'} = \frac{ds_2}{r_1} ds_1.$$

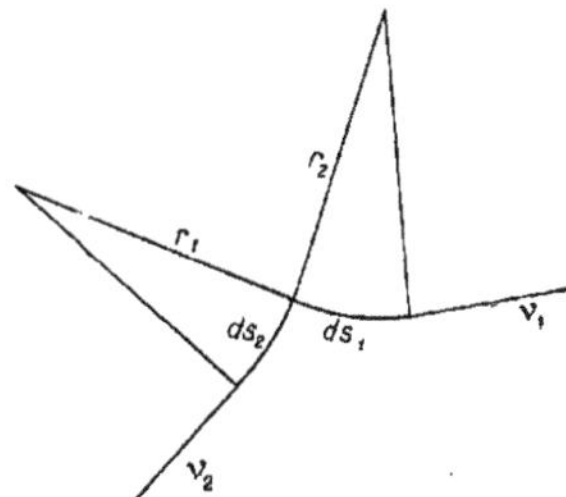

Fig. 26.

Partie principale de la somme de ces forces :

$$\left(\frac{\partial \nu_1}{\partial s_1} + \frac{\nu_1}{r_1}\right) ds_1\, ds_2.$$

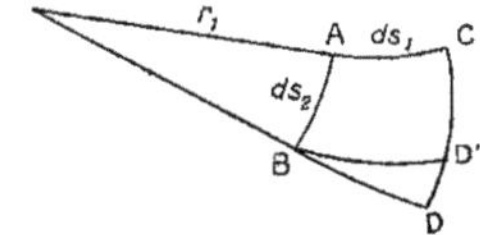

Fig. 27.

Résultante dans la même direction des forces agissant sur AC et BD :

$$-\nu_2\, ds_1 \frac{ds_2}{r_1}.$$

En ajoutant on trouve la première équation (a). Pour avoir un maximum ou un minimum dans la direction de s_1, il faudra que

$$\frac{\partial \nu_1}{\partial s_1} = 0,$$

ce qui exigera, par application de (a), une des deux alternatives :

$$r_1 = \infty \quad \text{ou} \quad \nu_1 - \nu_2 = 0.$$

Si l'on passe d'une ligne isocline AB à la ligne isocline infiniment voisine A'B', en suivant la ligne isostatique MP ou la ligne isostatique MN (*fig.* 28), les normales à ces lignes isostatiques auront

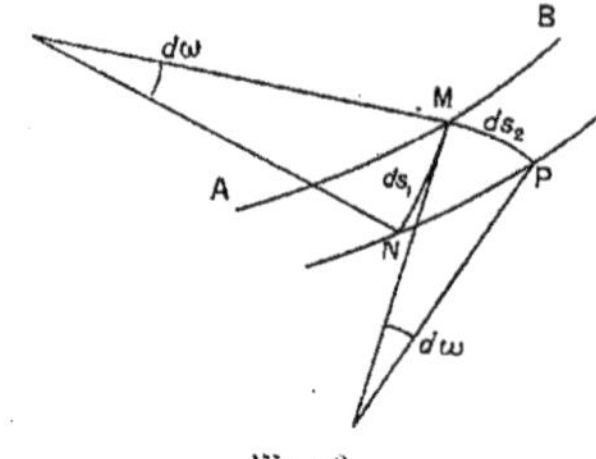

Fig. 28.

tourné d'un même angle $d\omega$, puisque les courbes AB et A'B' sont des lignes isoclines. On aura donc

$$(b) \qquad r_1 = \frac{ds_2}{d\omega}, \qquad r_2 = \frac{ds_1}{d\omega}.$$

La première alternative exige que ds_2 soit infini par rapport à $d\omega$ en vertu de (b). Dans le cas général, ds_1 et ds_2 sont de même ordre que $d\omega$. Pour que ds_2 devienne infini par rapport à $d\omega$, il faut et il suffit que ds_2 soit dans la direction de l'isocline, donc que ds_1 lui soit perpendiculaire, ce qui est l'énoncé.

La seconde alternative exige que la direction principale soit indéterminée en ce point, donc parmi les directions principales qui y passent, une est encore normale à l'isocline.

Il suffira donc de tendre dans l'appareil deux fils perpendiculaires, l'un parallèle aux vibrations du polariseur, l'autre de l'analyseur; le point où la direction de l'un d'eux sera tangente aux lignes isoclines sera le point où les tensions principales perpendiculaires passeront par un maximum ou un minimum.

En particulier, pour trouver les maxima et les minima des tensions tangentes aux contours, il suffira de chercher les points où les courbes isoclines seront perpendiculaires à ce contour.

On obtient le même résultat en cherchant les points où les isochromatiques sont tangentes au contour, car la différence avec la tension normale au contour qui est nulle, est alors un maximum ou un minimum (*fig.* 29).

Quand on a le tracé des lignes isostatiques, tout point où l'isostatique d'une famille présente un point d'inflexion, est un point de

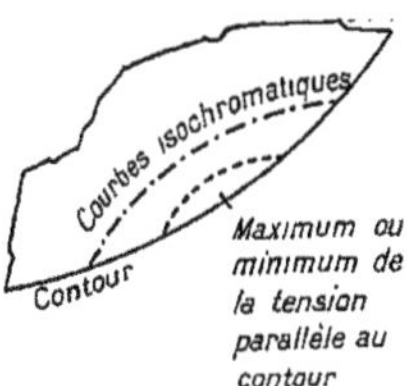

Fig. 29.

maximum ou de minimum pour la tension perpendiculaire. Car $r_1 = \infty$, donc $\frac{\partial \nu_1}{\partial s_1} = 0$.

N. B. — Connaissant les courbes isostatiques et isochromatiques, on peut par intégration d'une formule (a) le long d'une isostatique, du contour à un point, déterminer une traction principale en ce point.

CHAPITRE IV.

LES BASES DE LA RÉSISTANCE DES MATÉRIAUX.

Je signalerai d'abord ici quelques expériences qui légitiment immédiatement les hypothèses simplificatrices de la Théorie de la résistance des matériaux, dans l'étude des solides prismatiques.

On a tenté à diverses reprises de démontrer qu'une force appliquée au contour d'une pièce se répartit rapidement dans sa masse, de telle façon que les lois de la résistance des matériaux deviennent applicables à une faible distance du point d'application des forces extérieures, autrement dit que dans un prisme les tensions intérieures sont les mêmes à une faible distance de la base de ce prisme, pourvu que la résultante géométrique des forces extérieures appliquées sur la base, reste la même en grandeur et en position. Le calcul n'a pu aboutir à préciser quelle est cette faible distance.

Auparavant j'examinerai un exemple extrêmement simple.

18. **Disque de verre trempé.** — Si l'on verse du verre en fusion sur un plan, on obtient un disque qui, entre nicols croisés, montre

deux isoclines confondues avec des isostatiques passant par le centre O. Celui-ci est un point singulier de première espèce, les isostatiques sont des circonférences et des rayons. La figure 30 donne les tensions principales mesurées, égales au centre et dépendant de la vitesse du refroidissement.

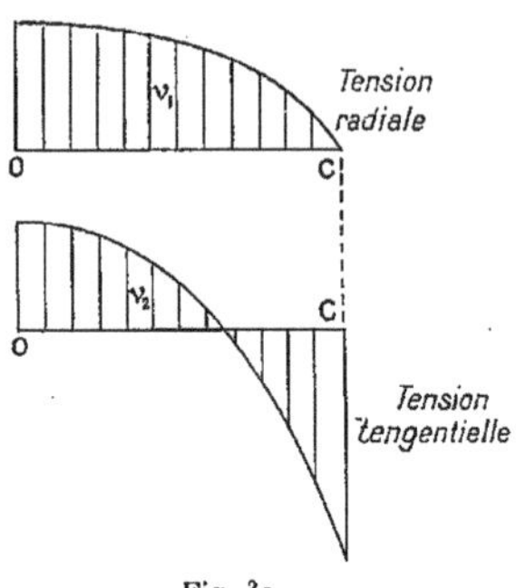

Fig. 30.

19. **Prisme rectangulaire comprimé suivant son axe.** — On peut le supposer comprimé par une pression uniforme normale à ses bases. On démontre alors sans peine que les plans perpendiculaires aux arêtes du prisme subissent tous des pressions uniformes égales, et que sur les éléments parallèles aux arêtes les pressions sont nulles.

Appliquons maintenant la résultante des pressions sur les bases. Tous les auteurs affirment bien qu'à une certaine distance des bases, il en sera de même si le prisme est assez long, mais quelle est cette distance?

Prenons d'abord un prisme rectangulaire. Plaçons-le entre un polariseur et un analyseur croisés, et supposons qu'une des directions de polarisation soit parallèle aux arêtes du prisme. On verra l'image de la figure 31. On constate qu'il y a obscurité dans toute la région comprise entre deux plans parallèles aux bases, et distants de celles-ci de la moitié environ du plus grand côté de base. Donc dans cette région, les directions principales seront parallèles aux arêtes du prisme. L'équilibre d'un élément de volume parallèle aux six faces du prisme, soumis à des forces exclusivement normales, exige que ces forces soient égales sur ses faces opposées (application du théorème des projections des forces sur des parallèles aux arêtes), donc *la pression reste constante sur les bases dans tous les tubes parallèles aux arêtes*. En particulier, elle est nulle sur tous les éléments parallèles aux faces extérieures dans la zone obscure, puisque sur les faces extérieures parallèles il n'y a aucune force. Chaque tube dans la zone obscure, est soumis à une pression constante sur ses sections perpendiculaires aux forces extérieures, et libre sur ses faces latérales.

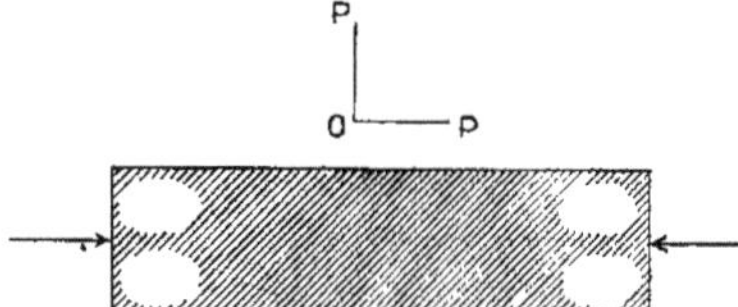

Fig. 31.

On serait arrivé au même résultat en partant des conditions d'équilibre

$$\frac{\partial \nu_x}{\partial x} + \frac{\partial \tau}{\partial y} = 0,$$

$$\frac{\partial \nu_y}{\partial y} + \frac{\partial \tau}{\partial x} = 0.$$

Puisque la zone est isocline pour les directions parallèles aux côtés du prisme $\tau = 0$, donc

$$\frac{\partial \nu_x}{\partial x} = 0, \qquad \frac{\partial \nu_y}{\partial y} = 0.$$

Les tensions sont constantes dans les tubes de forces parallèles aux côtés du prisme et ν_y est nul dans tout le domaine obscur, puisque $\nu_y = 0$ au contour.

La pression est linéaire sur les sections droites : $\nu_x = Ay + B$. — En effet, nous savons que

$$\nu_x + \nu \quad = 0.$$

donc, puisque $\nu_y = 0$ dans tout le domaine considéré, on y a

$$\frac{\partial^2 \nu_x}{\partial x^2} + \frac{\partial^2 \nu_x}{\partial y^2} = 0.$$

Mais puisque

$$\frac{\partial \nu_x}{\partial x} = 0, \qquad \frac{\partial^2 \nu_x}{\partial x^2} = 0,$$

on en conclut

$$\frac{\partial^2 \nu_x}{\partial y^2} = 0;$$

donc ν_x est fonction de y seul et est une fonction linéaire

$$\nu_x = My + N.$$

Pour que la résultante passe par l'axe il faut

$$\nu_x = \text{const.},$$

donc

$$\nu_x = \frac{P}{A}$$

(P étant la force extérieure, A l'aire de la section droite).

Vérification par les surfaces isochromatiques. — En lumière circulaire, toute la zone centrale qui était noire en lumière rectiligne polarisée parallèlement à un des côtés du prisme, sera de même couleur.

Vérification par le compensateur Babinet. — Tournons maintenant l'appareil de polarisation (polariseur et analyseur croisés), de façon que ses directions principales que je désignerai maintenant par OP et O'P', puisqu'elles jouent des rôles équivalents, ne soient pas parallèles aux arêtes du prisme, mais par exemple à 45° sur elles. La région précédemment noire va s'éclairer. Superposons au prisme dans cette région un compensateur de Babinet dont la droite neutre (celle qui ne donne ni avance, ni retard, qui équivaut à du verre recuit) soit perpendiculaire aux efforts extérieurs, on aura l'aspect de la figure 32. La ligne neutre du compensateur, qui est visible en noir en dehors du prisme, sera transportée parallèlement à elle-même dans la traversée du prisme vers le côté portant l'indication *pression*. Tous les points qui se trouvent sur cette ligne supportent donc une même pression. La figure restera la même tant que l'on fera subir au compensateur une translation maintenant cette ligne dans la région obscure de la figure 31. Donc la pression a une valeur constante sur les sections droites du prisme dans toute cette région.

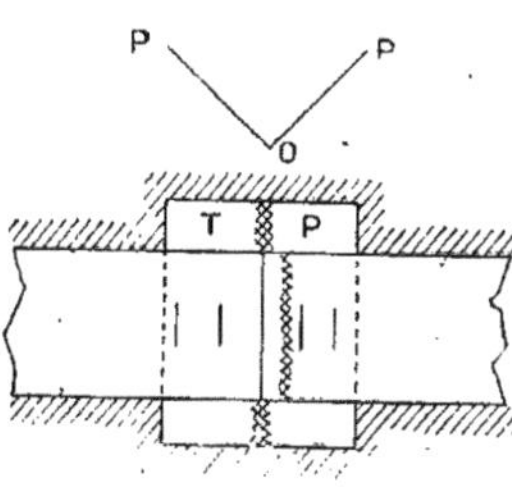

Fig. 32.

La concentration, au centre des sections de base, des efforts que nous avions supposés répartis sur elles, n'a donc apporté de perturbation qu'à une distance des sections de base ne dépassant guère la moitié du plus grand côté de cette base. C'est un premier résultat précis. En concentrant autrement ces efforts, en deux points symétriques par rapport à l'axe par exemple, la zone de perturbation serait encore moindre.

Cette expérience montre également à quelle distance de base d'un prisme s'étendent les contraintes, résultant de l'application sur cette base d'une force isolée appliquée au centre, et d'une répartition uniforme de tensions lui faisant équilibre. Il n'y aura de contraintes que jusqu'à la limite de la zone éclairée, il n'y en aura aucune dans la région centrale limitée à cette zone.

En effet, la force unique produit des pressions uniformes dans toute la région centrale obscure. Si j'applique des tensions uniformes ayant même résultante sur des bases, en vertu du principe de la superposition et de l'indépendance des effets des forces, qui est rigoureux pour toutes les déformations infiniment petites, tout le corps sera soumis à des tensions uniformes qui annuleront les pressions de la région centrale. Celle-ci retombera donc au repos.

Prisme d'épaisseur brusquement variable comprimé par des forces passant au centre de gravité des bases. — On obtient avec le compensateur de Babinet, l'aspect de la figure 33. Les déplacements ont lieu suivant deux droites perpendiculaires aux forces extérieures et sont proportionnels aux épaisseurs. Les tensions parallèles à l'axe longitudinal de la pièce, sont donc encore constantes.

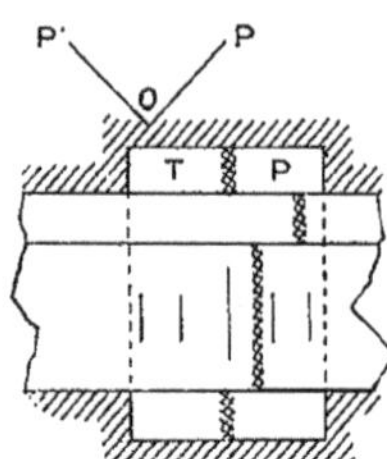

Fig. 33.

20. **Prisme rectangulaire comprimé excentriquement par des forces opposées parallèles à son axe.** — *a. Partie centrale soumise à un moment fléchissant* (effort tranchant nul) :

Orientons l'appareil de polarisation de façon que ses plans principaux soient parallèles aux faces du prisme. On obtiendra l'obscurité dans toute la région moyenne limitée à une distance des bases inférieures au grand côté de celles-ci.

Les directions principales sont donc dans cette région les mêmes que précédemment, les pressions transversales sont nulles comme précédemment et les tensions longitudinales suivent la loi linéaire en fonction de y, pour les mêmes raisons.

Faisons tourner les plans principaux de l'appareil de polarisation : toute cette région va s'éclairer, à l'exception toutefois, si l'excentricité est plus grande que le sixième de la largeur de la pièce, d'une bande obscure fixe, quelle que soit l'inclinaison des plans de polarisation. Cette bande étant fixe, tous ses points sont tels que toute direction y est direction principale, toutes les tensions principales y sont alors égales, donc nulles puisque sur les parallèles aux arêtes parallèles aux forces extérieures la pression est nulle. C'est une ligne *neutre* dans toute la force du mot.

Si après avoir tourné les plans de polarisation à 45° sur la direction des forces, on superpose à la pièce un compensateur de Babinet orienté comme précédemment, on obtient la figure 34. La ligne CC' indique une tension longitudinale en C, une pression longitudinale en C′. Les tensions suivent une loi linéaire puisque CC′ est une droite. Les lignes noires extérieures prolongées et la ligne CC′ se coupent sur la ligne neutre. L'inclinaison de CC′ augmente quand l'effort extérieur augmente.

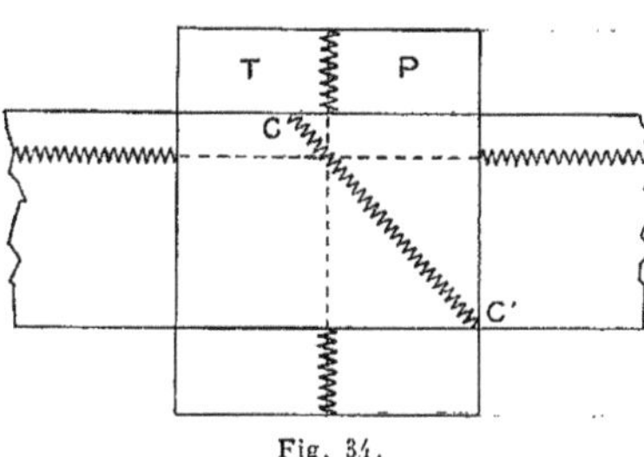

Fig. 34.

Avec des efforts suffisants pour obtenir des lignes isochromatiques, on constate que les lignes de même couleur ont des positions symétriques par rapport à la ligne neutre.

On peut donner une translation au compensateur, la ligne CC′ se déplacera avec lui sans changer d'inclinaison, tant que les points C et C′ resteront compris dans la région précédemment obscure. On retrouve ce que la résistance des matériaux indique, la position de la ligne neutre donnée par

$$\frac{P}{A} - \frac{My}{I} = 0$$

ou

$$\frac{P}{A}\left(1 - \frac{dy}{r^2}\right) = 0,$$

d'où

$$dy = r^2,$$

et la construction usuelle de la ligne neutre en fonction du rayon de gyration r et du point de passage de la résultante, au moyen d'un angle droit (*fig.* 35).

Si les efforts extérieurs sont suffisamment grands, on obtient des lignes isochromatiques, symétriques par rapport à la ligne neutre, et droites dans toute la région qui était obscure avec la première orientation de l'appareil de polarisation (directions principales parallèles aux arêtes du prisme).

On trouve dans la région distante des extrémités d'au moins la largeur de la pièce, tous les résultats habituellement admis; il n'y a de perturbation que sur une distance inférieure à la longueur des sections extrêmes.

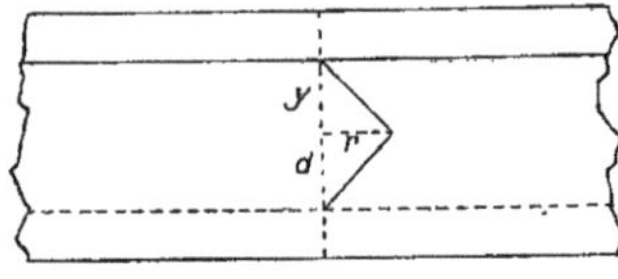

Fig. 35.

Avec des pièces transparentes de même section que la pièce de la figure 33, on obtient deux lignes obscures obliques. Leurs prolongements se coupent sur la fibre neutre.

21. **Prisme fléchi.** — Prenons un prisme en verre, horizontal par exemple, chargé de part et d'autre de son centre par deux charges égales et appuyé à ses deux extrémités. Les plans principaux de l'appareil de polarisation étant presque horizontaux et verticaux, on aura l'image de la figure 35 *bis*. S'ils étaient rigoureusement horizon-

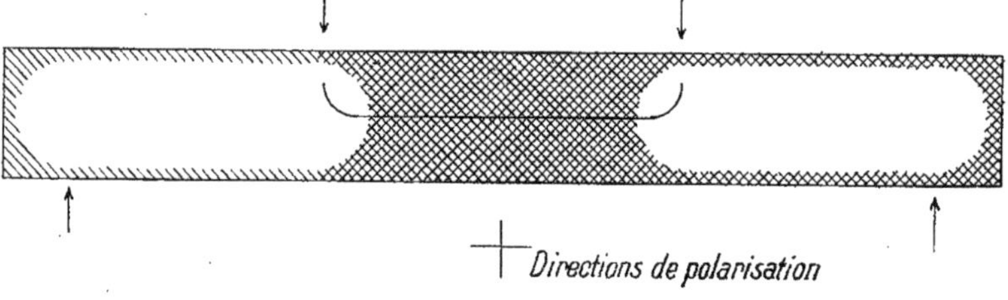

Fig. 35 *bis*.

taux et verticaux, on ne verrait pas la ligne axiale noire, toute la zone centrale étant rigoureusement obscure.

En continuant à faire tourner les plans de polarisation, on obtiendra les figures 36 et 37.

En lumière circulaire, on obtiendra la figure 38.

Si je ne considère que la zone sombre de la figure 35 *bis*, je vois que cette zone s'étend sensiblement de l'un à l'autre des deux cercles

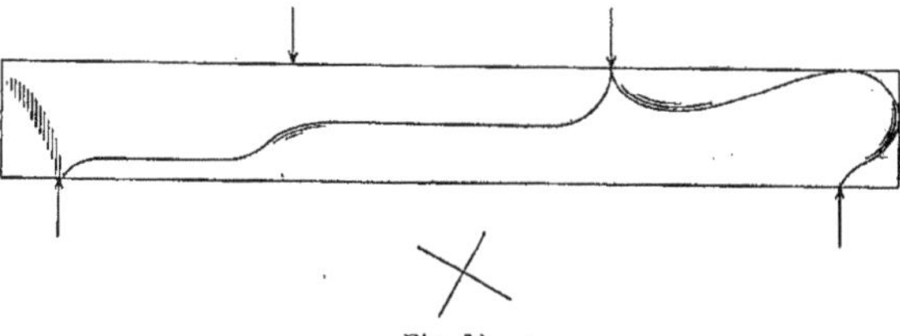

Fig. 36.

inscrits dans le prisme et tangents aux points chargés. Faisons tourner de 45° les plans de polarisation et superposons à la pièce entre

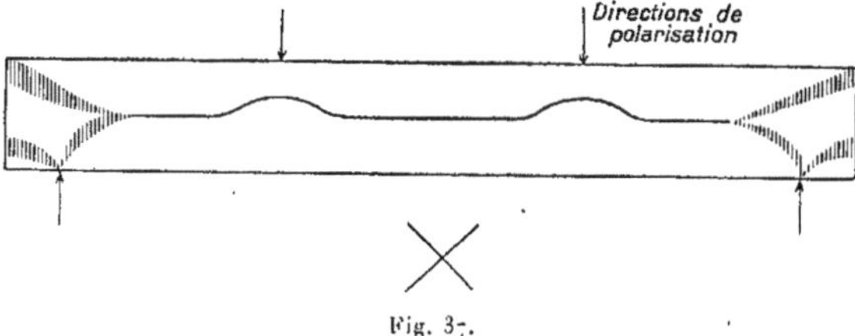

Fig. 37.

les deux charges verticales un compensateur de Babinet dont la ligne neutre soit verticale, nous obtiendrons une figure où la ligne repré-

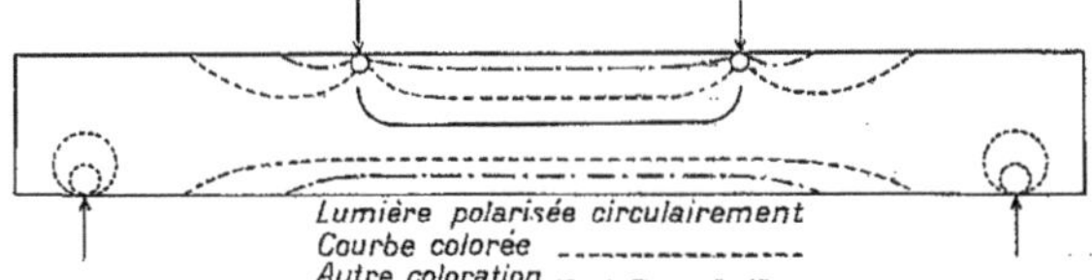

Fig. 38.

sentant les tensions et pressions est une droite. La rencontre de la ligne neutre du compensateur, de la droite inclinée et de l'axe neutre de la pièce a lieu sur l'axe moyen. L'inclinaison est proportionnelle à la valeur des charges.

On retrouve la figure bien connue, qui existe dans tous les traités de résistance des matériaux, pour représenter les tensions dans les différentes parties de la section. La proportionnalité des tensions aux distances à l'axe neutre n'est ni une hypothèse, ni l'expression la plus simple qu'on puisse admettre, c'est un fait expérimental.

Dans toute la région centrale, on a la même loi, jusqu'aux régions limitées sensiblement aux cercles inscrits dans le prisme sous les points chargés, qui limitent la région de perturbation.

Si l'on renouvelle l'expérience avec une pièce en forme de cornière, on obtient l'aspect de la figure 39. Les droites AB et CD se

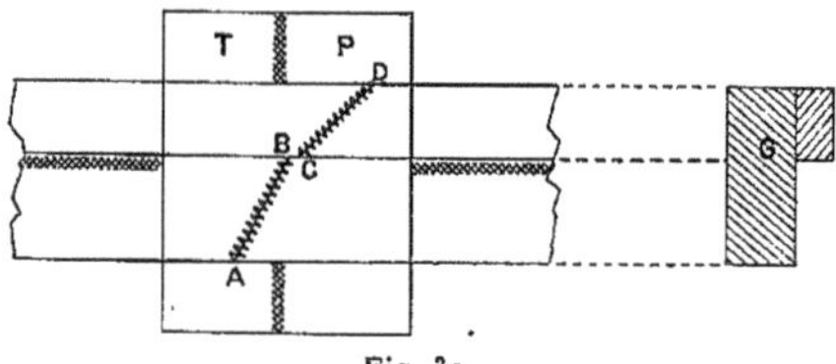

Fig. 39.

coupent au centre de gravité de la section, à la rencontre de la ligne neutre de la poutre et de la ligne neutre du compensateur.

L'expérience mettant en évidence le produit de l'épaisseur par la tension, la droite est brisée au changement d'épaisseur. Mais les tensions sont, pour la même épaisseur, proportionnelles à la distance à l'axe.

Il faut bien que les accroissements de la tension dans les surépaisseurs soient proportionnels à la distance au plan neutre comme dans le parallélépipède rectangle, pour que les rayons de courbure soient les mêmes. La linéarité des tensions donne une solution acceptable pour une flexion sous moment constant, c'est la solution puisque les problèmes d'élasticité n'en ont qu'une.

b. Parties extrêmes rectangulaires, moment fléchissant variable (effort tranchant différent de zéro) :

Nous n'avons jusqu'à présent vérifié la linéarité des tensions qu'en l'absence d'effort tranchant. Il est très utile de s'assurer que cette linéarité existe bien encore quand l'effort tranchant est différent de zéro.

Pour cela, nous pouvons considérer les parties extrêmes de la poutre précédente ou une partie quelconque d'une poutre rectangulaire chargée en un point. En nous plaçant à une distance suffisante des points éprouvant des perturbations, nous pouvons lui appliquer quatre efforts égaux deux à deux, symétriques par rapport à une verticale, donnant une flexion de sens contraire à celle donnée préalablement à la poutre par la vis V (*fig.* 40). Si ces efforts

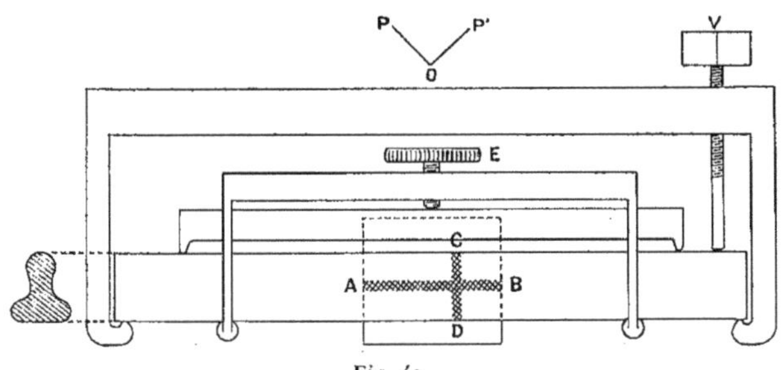

Fig. 40.

ont une valeur convenable, ils pourront dans une section verticale annuler les tensions parallèles à l'axe de la poutre, il ne subsistera dans cette section que des cisaillements. Il en sera de même sur l'axe moyen. On sait que des simples cisaillements horizontaux et verticaux équivalent à des tensions principales à 45°, l'une positive, l'autre négative. En tournant les plans de polarisation à 45° de l'axe, on devra apercevoir une croix noire.

C'est bien en effet ce qu'a constaté M. Tesar, qui a le premier combiné et réalisé cette expérience.

C'est une vérification de la théorie de la linéarité des tensions dans la flexion sous effort tranchant constant, que de Saint-Venant a démontré exister dans un cylindre de base quelconque en 1855, sous condition d'une certaine répartition des contraintes sur les bases [1]. Cette linéarité n'est pas une hypothèse, mais un fait d'accord avec la théorie de l'élasticité et avec l'expérience.

Ce résultat est vérifiable expérimentalement en plaçant dans une

(1) *Élasticité des corps solides*, par CLEBSCH, traduction par DE SAINT-VENANT et FLAMANT, p. 137 et suivantes (Dunod, 1883).

cuve à faces parallèles remplie d'un liquide à indice voisin du verre, un cylindre de verre à section droite quelconque représentée à gauche de la figure 40. en tournant les vis E ou V, on déplace la branche verticale de la croix. Puisque sous moment constant les tensions longitudinales sont proportionnelles à la distance à l'axe, on en conclut qu'il en est de même sur la droite CD où il ne reste que des cisaillements, où par conséquent la différence des tensions longitudinales dues au moment fléchissant constant et au moment variant linéairement s'annule.

J'ai donné dans les *Annales des Ponts et Chaussées* (1901, **2**, p. 170) l'expression des efforts par unité de surface dans une poutre rectangulaire posée, uniformément chargée, de hauteur $2h$, d'épaisseur e, de longueur l, rapportée à son centre, fléchie par une charge uniformément répartie par unité de surface, $\varpi e = p$; elle est, sauf près des extrémités,

$$e\nu_x = \frac{p}{4h^3}y(3x^2 - 2y^2) + \frac{3p}{2h^2}y\left(\frac{h^2}{5} - \frac{l^2}{8}\right) = -\frac{My}{I} - \frac{2py^3}{4h^3} + \frac{3p}{10h}y,$$

$$e\tau = \frac{p}{4h^3}3x(h^2 - y^2),$$

$$e\nu_y = \frac{p}{4h^3}y(y^2 - 3h^2) - \frac{p}{2}.$$

Le moment fléchissant est

$$M_1 = \frac{pl^2}{8} - \frac{px^2}{2}.$$

On retrouve pour la partie de $e\nu_x$ qui varie avec l'abscisse de la section l'expression de la résistance des matériaux $\left(-\frac{My}{I}\right)$. Les termes complémentaires en y sont indépendants de x, donc constants sur une horizontale de la poutre, et dépendent de la position des charges à la partie supérieure. Quand x est petit, c'est-à-dire vers le milieu de la poutre, lorsque celle-ci est allongée, et près des faces supérieures et inférieures, ils sont très petits en valeur absolue par rapport à ceux que fournit le terme de la résistance des matériaux (quelques dixièmes de p, tandis que les autres sont des centaines de p).

τ conserve l'expression que fournit la résistance des matériaux.

En répartissant la charge uniforme p par fibre horizontale suivant une loi parabolique, analogue à celle qui régit τ, les termes complémentaires en y dans ν_x sont divisés par 2 (1). τ ne change pas et ν_y s'annule.

En toute rigueur la loi des tensions longitudinales n'est plus linéaire comme avec un effort tranchant constant (problème de Barré de Saint-Venant que nous avons envisagé jusqu'à présent), mais au point de vue pratique les différences sont assez petites pour être négligées.

22. **Prisme rectangulaire soumis à des forces extérieures opposées non parallèles aux arêtes.** — Le cas d'une pièce soumise à des forces extérieures obliques appliquées sur ses sections extrêmes (montant de pont de pesanteur négligeable, par exemple) peut être réalisé par la superposition des tensions relatives à une pièce uniformément tendue ou comprimée, et des tensions relatives à une pièce fléchie avec effort tranchant. On ne s'écarte de la théorie de la résistance des matériaux que dans les sections tout à fait voisines des extrémités, comme dans les cas précédents. On peut remarquer que, dans la section où la pression s'annule sur un bord, la résultante passe au tiers opposé de la section (*fig.* 41), et que la résultante passe aussi par

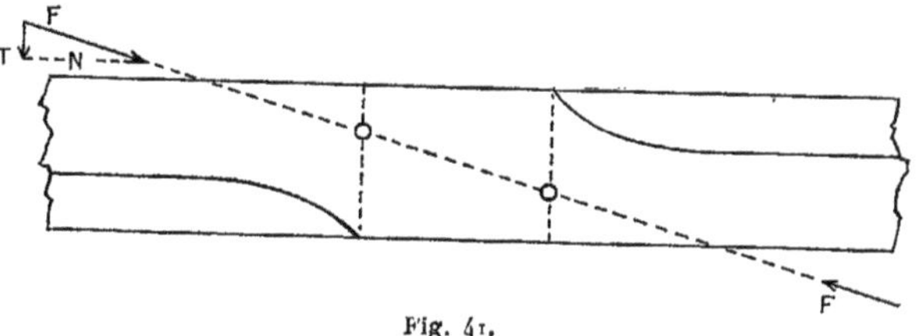

Fig. 41.

le point à égale distance de la rencontre des lignes neutres avec le contour de la pièce : c'est utile pour la question suivante.

23. **Étude de l'arc. Vérification des formules de Bresse.** — Ces procédés appliqués à un arc circulaire en verre ont permis de vérifier les formules de Bresse relatives aux arcs encastrés. Bien que construites sur une hypothèse, celle de la linéarité des tensions dans une pièce courbe, elles sont certainement exactes, à moins de 1 pour 100

(1) MESNAGER, *Résistance des matériaux*, Dunod, 1928, p. 178 et 180.

près, ainsi que j'ai pu le vérifier avec un modèle en verre dont la forme est indiquée dans les figures 42 et 43.

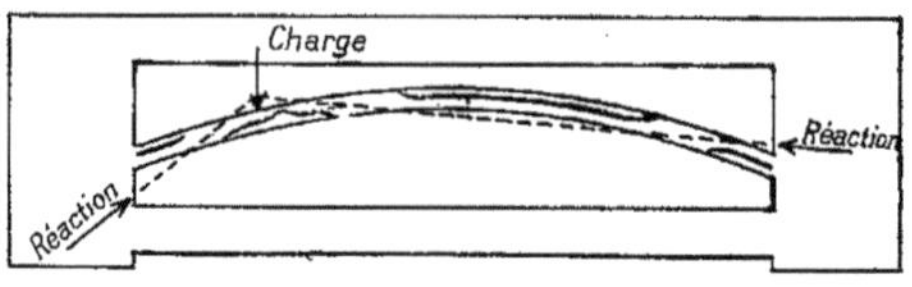

Fig. 42.

Ces figures donnent une idée des résultats obtenus en lumière circulaire. On y a indiqué la charge concentrée par une flèche et la ligne des réactions par un pointillé. Les réactions peuvent être déterminées par la première figure seule. Les images reproduites dans les

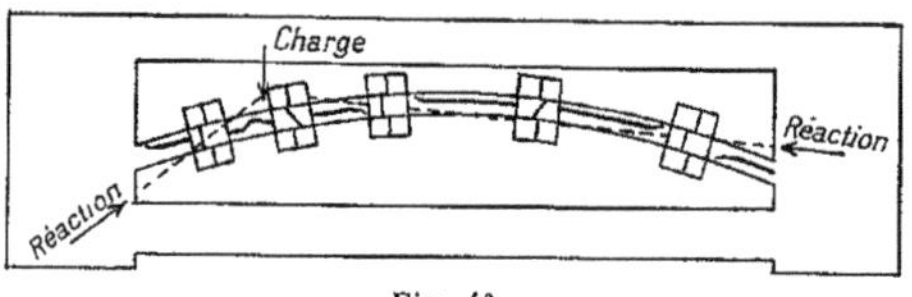

Fig. 43.

petits rectangles sur la seconde figure, sont celles qu'on observe avec un compensateur de Babinet placé dans la position de chacun des rectangles.

Il n'y a de perturbation que près de la charge et aux abords des culées.

CHAPITRE V.

SOLUTIONS DE PROBLÈMES DIVERS.

24. Solide limité à une droite sur laquelle agit une force perpendiculaire. — En plaçant une pièce très étendue, limitée à une droite sur laquelle agit une force, entre un polariseur et un analyseur croisés, on observe dans une région bornée à un cercle concentrique au point, et de rayon suffisamment petit, deux droites isoclines rectangulaires passant par le point pressé A, parallèles aux plans principaux de l'appareil de polarisation. Ces droites au delà du cercle se transforment en courbes dont la forme dépend des réactions éloignées qui maintiennent le corps en équilibre (*fig.* 44).

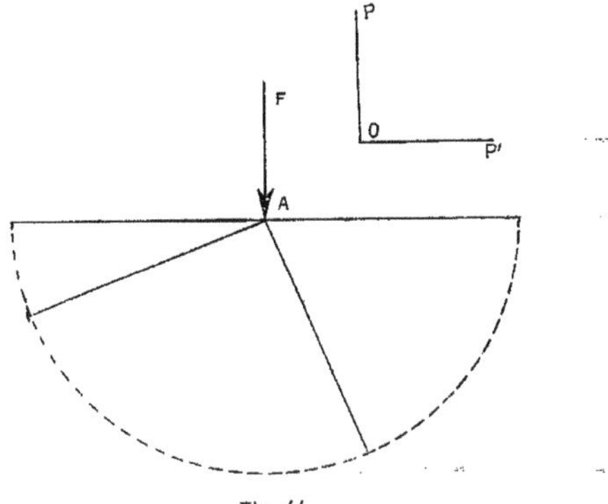

Fig. 44.

Les lignes isostatiques sont donc des droites issues du point pressé et les circonférences trajectoires orthogonales de ces droites (*fig.* 45).

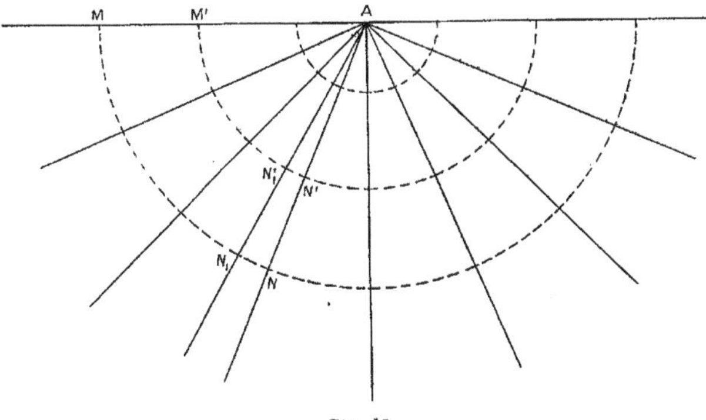

Fig. 45.

Si nous détachons par la pensée un élément solide MM', NN' limité à la surface libre MM' et à des lignes isostatiques et que nous prenions les moments des forces extérieures par rapport au point A, la somme des moments doit être nulle, puisqu'il y a équilibre. Les moments des pressions agissant sur MN et M'N' seront nuls, puisque les forces passent par le centre A. Sur MM' il n'y a aucun effort. Les pressions agissant normalement sur NN' ne peuvent passer par A, devant avoir un moment nul par rapport à ce point quelle que soit l'étendue de NN', elles ne pourront qu'être nulles. Donc sur les rayons issus de A, les pressions sont nulles.

On aurait pu dire également : dans la direction des circonférences la tension est constante, la dérivée étant nulle (puisque les lignes isoclines sont perpendiculaires), donc la tension a la valeur qu'elle a au contour du corps, c'est-à-dire zéro.

D'autre part, on constate que les lignes isochromatiques sont des circonférences tangentes à la surface au point pressé (*fig.* 46). Sur une de ces circonférences, la pression sur l'élément perpendiculaire

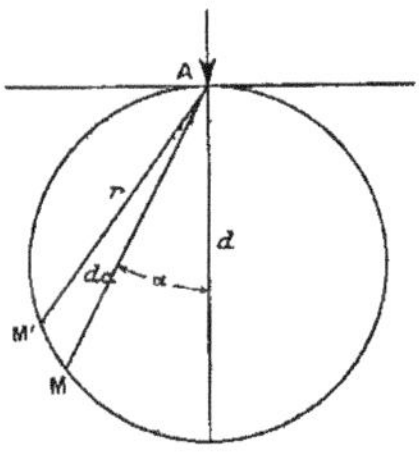

Fig. 46.

au rayon $AM = r$ est donc la même qu'au point P. Si l'on désigne par α l'angle de AM avec AP et si l'on pose $AP = d$, on en conclut

$$r = d \cos\alpha. \tag{1}$$

Il reste à relier la pression à la force F. Pour cela considérons la portion du solide limité à un cercle isochromatique quelconque. Supprimons le reste du solide en le remplaçant par les forces qu'il exerce sur ce cercle. Celui-ci est en équilibre sous la force F et les forces élémentaires remplaçant le reste du solide. La force dans l'angle $d\alpha$ est dans la direction de AM :

$$\varpi e r \, d\alpha$$

et sa projection sur la direction de F :

$$\varpi\, e\, r\, d\alpha \cos\alpha.$$

L'équilibre exige

$$\int_{-\frac{\pi}{2}}^{+\frac{\pi}{2}} \varpi\, e\, r \cos\alpha\, d\alpha = F,$$

en tenant compte de (1) il vient

$$\varpi\, e\, d \int_{-\frac{\pi}{2}}^{+\frac{\pi}{2}} \cos^2\alpha\, d\alpha = F.$$

En remplaçant $\cos^2\alpha$ par sa valeur

$$\cos^2\alpha = \frac{1+\cos 2\alpha}{2},$$

il vient

$$\varpi\, e\, d \frac{\pi}{2} = F$$

et en mettant à la place de d sa valeur tirée de (1) :

$$(2) \qquad \varpi = -\nu = \frac{2F}{\pi e r} \cos\alpha.$$

Cette formule, qui avait obligé MM. Boussinesq et Flamant à des calculs très compliqués, s'obtient donc par des moyens élémentaires. On voit que *la pression sur un élément perpendiculaire au rayon, dans la direction de la force, est le résultat de la répartition de cette force sur la moitié de la surface du demi-cylindre concentrique à la droite d'application.* On peut dire aussi, *la force constante agissant dans l'angle $d\alpha$ sur une section quelconque comprise dans cet angle, est*

$$(3) \qquad f = \pi e r\, d\alpha = \frac{2F}{\pi} \cos\alpha\, d\alpha.$$

On peut également écrire facilement les expressions des tensions normales et tangentielles en chaque point. En appliquant les formules connues des tensions sur les plans obliques par rapport aux plans principaux, on obtient

$$\nu_x = -\varpi \sin^2\alpha,$$
$$\nu_y = -\varpi \cos^2\alpha,$$
$$\tau = -\varpi \sin\alpha \cos\alpha.$$

Remplaçons ϖ par sa valeur et exprimons $\cos\alpha$ et $\sin\alpha$ en fonction de x, y et r,

$$\sin\alpha = \frac{x}{r}, \qquad \cos\alpha = \frac{y}{r},$$

il vient

$$\nu_x = -\frac{2P}{\pi e}\frac{x^2 y}{r^4},$$

$$\nu_y = -\frac{2P}{\pi e}\frac{y^3}{r^4},$$

$$\tau = -\frac{2P}{\pi e}\frac{xy^2}{r^4},$$

formules qui satisfont aux équations d'élasticité.

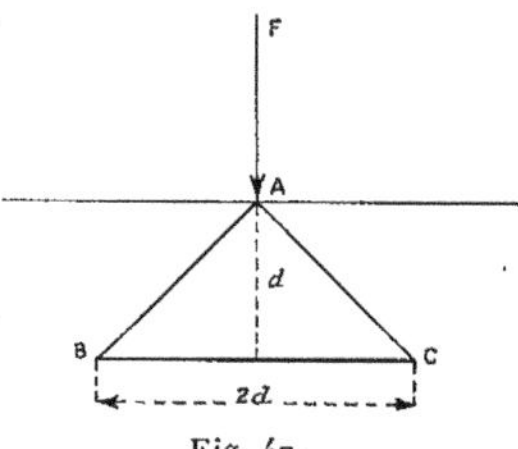

Fig. 47.

En général les ingénieurs, pour déterminer la plus grande pression obtenue sur un plan horizontal dans ce même cas, mènent deux plans à 45° à partir du point pressé et répartissant l'effort sur BC (*fig.* 47). Ils admettent que la plus grande pression est

$$\frac{F}{2ed};$$

en réalité, elle est

$$\frac{F}{\frac{\pi ed}{2}} = \frac{F}{1,57ed}.$$

La règle usuelle donne donc une valeur trop petite, il faut la multiplier par 1,27 pour avoir la plus grande pression réelle.

Remarque. — La solution précédente permet de compléter le tracé des lignes isostatiques dans les prismes comprimés par des forces opposées. Elles sont parallèles dans toute la région centrale, elles vont converger au point pressé dans les régions extrêmes (*fig.* 48). Les angles du prisme, où ces lignes changent brusquement de direction, constituent des points singuliers de seconde espèce. Celles qui ren-

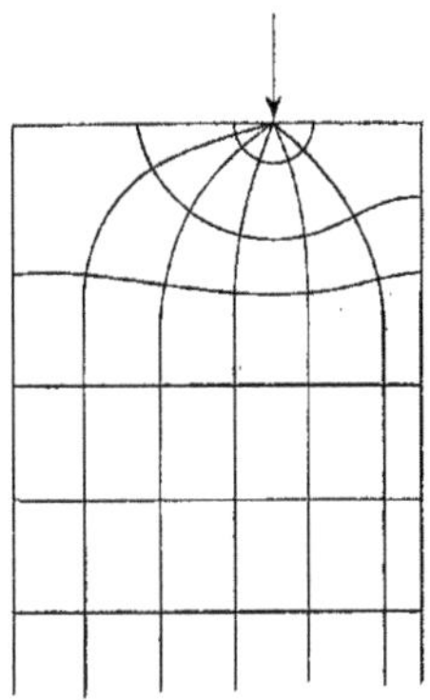

Fig. 48.

contrent la surface sont en effet toujours normales à cette surface, car la surface libre, ne subissant pas de cisaillement (puisqu il n'y a rien pour l'exercer), est toujours une direction principale. Elle le serait encore si elle subissait la pression d'un liquide.

Pour se faire une idée de ce qui se passe dans les angles, il suffit de les considérer comme limites de raccordement suivant une courbe dont le rayon tend vers zéro.

25. **Cylindre comprimé entre deux plans parallèles.** — (Rouleau

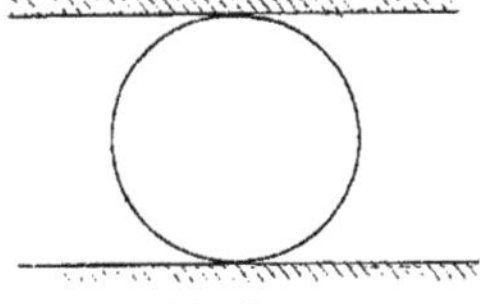

Fig. 49.

de pont, *fig.* 49). La solution du corps indéfini, limité à une droite sur laquelle agit en un point une force, permet de trouver facilement la solution du cylindre comprimé entre deux plans parallèles.

En effet, prenons la solution précédente : à une distance quelconque de la surface, nous pouvons couper le corps sans troubler l'équilibre, pourvu que nous remplacions la partie enlevée par des efforts convenables [ceux qui résultent des formules (2) ou (3)], dirigées vers le point pressé. Nous pouvons le faire en particulier suivant une circon-

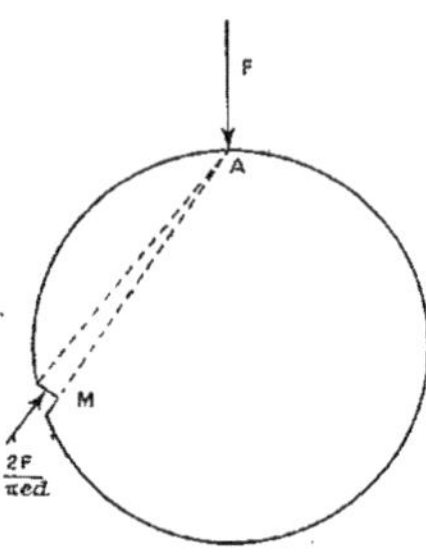

Fig. 50.

férence (*fig.* 50) ou si l'on veut suivant des éléments isostatiques infiniment petits touchant à la circonférence.

Si je considère une circonférence tangente en A à la face supérieure et de diamètre d, la pression sur un élément perpendiculaire à une droite, issue de A au point de rencontre de cette droite avec la circonférence, sera

$$\varpi = \frac{2F\cos\alpha}{\pi e r} = \frac{2F}{\pi e d}.$$

Si je retourne la dernière figure la tête en bas, j'obtiens une nouvelle distribution de forces que je puis superposer à la précédente (*fig.* 51).

Après cette superposition, sur la circonférence tangente aux droites limites, la pression en M sur deux éléments perpendiculaires entre eux et au plan de la figure (*fig.* 52) est la même, $\frac{2F}{\pi e d}$. Donc suivant la circonférence, on a deux pressions principales égales, par conséquent la même pression sur tous les éléments perpendiculaires au plan de figure, quelle que soit leur orientation.

On a donc l'équilibre, en appliquant sur cette circonférence une tension uniforme

$$\nu = -\frac{2F}{\pi e d}.$$

Le disque n'est soumis qu'à cette pression et aux deux forces F (la

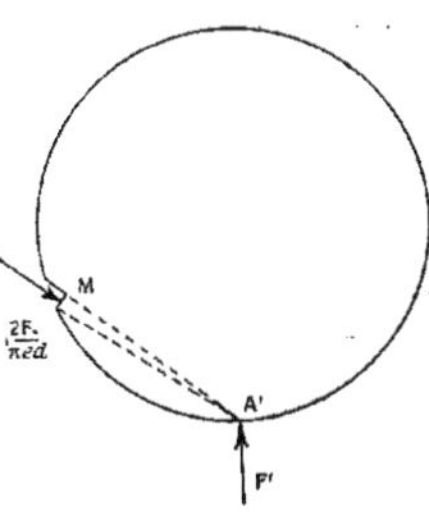

Fig. 51.

circonférence est un lieu de points singuliers). Annulons cette pression en superposant aux forces extérieures une tension uniforme

$$\nu' = \frac{2F}{\pi e d}$$

sur le contour de la circonférence. On aura ainsi l'équilibre sous les

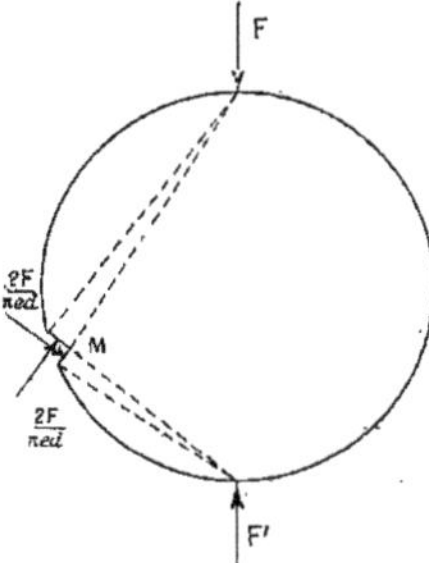

Fig. 52.

deux forces opposées F agissant seules, c'est le problème qu'on s'est proposé.

En particulier, sur la droite AA' avant d'avoir appliqué ν', on avait une pression nulle; l'application de la tension uniforme

$$\nu' = \frac{2F}{\pi ed}$$

introduit donc cette tension sur cette droite. On peut se rendre facilement compte que c'est la plus grande tension subie dans l'intérieur du corps. Un rouleau en matière fragile, en verre, en fonte, etc., devra donc éclater suivant un plan passant par les deux génératrices de contact. C'est bien ce qu'on constate expérimentalement.

Je signale, sans démonstration ([1]) pour ne pas allonger, que les lignes isostatiques sont dans ce rouleau les cercles de la projection

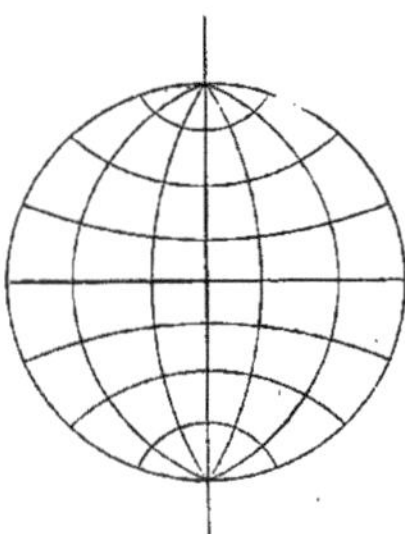

Fig. 53.

stéréographique de la sphère (*fig.* 53). On peut d'ailleurs le vérifier en calculant directement ces lignes.

26. **Cube comprimé entre deux points d'un de ses axes.** — On constate avec l'appareil de polarisation que les tensions et pressions sont tout à fait faibles en dehors de la circonférence inscrite (*fig.* 54).

Effectivement la surface extérieure du cylindre n'a pas changé de longueur, car les pressions $\frac{2F}{\pi ed}$, sur les éléments quelconques normaux au plan de la figure, ont été annulées par la tension uniforme $\frac{2F}{\pi ed}$, donc les longueurs de la circonférence ont été conservées. Sa cour-

([1]) On trouvera cette démonstration dans les *Annales des Ponts et Chaussées*, t. IV, 1901, p. 175. C'est analogue au calcul des pages 60 et 70.

bure seule a été légèrement modifiée. C'est ce changement de courbure qui introduit de faibles contraintes.

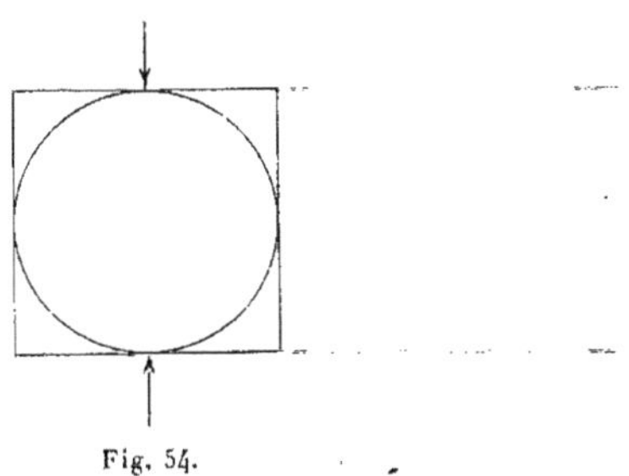

Fig. 54.

On peut donc à titre d'approximation, le plus souvent acceptable, admettre que les tensions et pressions existant dans le cylindre se retrouvent ici.

Remarque. — M. Boussinesq ([1]) a donné la solution du corps infini à trois dimensions limité à un plan, sollicité en un point de cette surface par une force normale ou une force oblique au plan.

Dans tous ces cas, la pression sur un élément perpendiculaire à un rayon issu du point pressé, faisant avec la force l'angle α, a une expression simple, *pourvu que le coefficient de Poisson soit égal à* o, 5, et très analogue à la formule précédente. C'est

$$\varpi = \frac{3}{2}\,\frac{F}{\pi r^2}\cos\alpha.$$

Le cas de $\eta = 0.5$ est celui du corps qui ne change pas de volume sous la pression (caoutchouc par exemple). La même transmission a lieu alors même que la force est appliquée à un point intérieur au corps. On a alors

$$\varpi = \frac{3}{4}\,\frac{F}{\pi r^2}\cos\alpha,$$

([1]) *Application des potentiels à l'étude de l'équilibre et du mouvement des solides élastiques* (Lille et Paris, 1883); *Comptes rendus de l'Académie des Sciences*, 20 mai 1878, p. 1260, et 27 novembre 1882, p. 1052.

car la force est transmise par moitié à la masse qui se trouve en arrière de la force, par moitié à la masse qui se trouve en avant.

La justification de ces affirmations se trouve 1° pour la force normale à la surface plane limite, page 104 du livre de M. Boussinesq, dans les formules applicables aux contraintes sur les plans parallèles à la surface, contraintes qui sont indépendantes des coefficients d'élasticité quel que soit η; 2° pour les forces obliques à la surface dans l'énoncé de la page 187 relatif aux plans parallèles à la surface, expressions également indépendantes des coefficients d'élasticité; 3° pour le point intérieur au corps indéfini dans l'énoncé de la page 293 (en observant que, si $\eta = 0,5$, $\lambda = \infty$). Il n'y a pas de tensions sur la surface latérale des tubes puisque le flux s'y conserve (formule au bas de la page 293 par exemple, pour $\lambda = \infty$), s'il y avait des tensions le flux de force serait modifié par ces tensions. Les tensions sur les méridiens (p. 107) s'annulent pour $\eta = 0,5$.

Nous verrons plus loin qu'à deux dimensions le cas correspondant est $\eta = 1$, la surface reste constante dans le plan des xy, si les pressions parallèles à Oz s'annulent.

On ne peut résoudre facilement le problème de la bille, parce que, sur une sphère comprimée aux deux extrémités d'un diamètre par deux plans perpendiculaires, les pressions ne sont pas constantes, à cause de la présence de r^2 à la place de r dans la formule.

27. Solide limité à une droite sur laquelle agit une force oblique. —

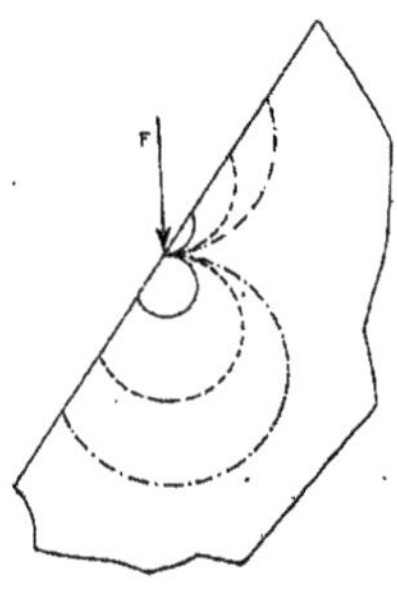

Fig. 55.

L'expérience faite avec une force inclinée sur la surface donne même figure pour les lignes isoclines et pour les lignes isochromatiques rapportées à la direction de la force que dans le cas de la force normale (*fig.* 55). Il semble qu'on ait seulement fait tourner autour du point d'application de la force un coin solide avec les courbes isochromatiques attachées à ce coin. Le raisonnement montre que pour une même valeur de la force, on a des tensions internes égales et de signe contraire dans les mêmes directions par rapport à celle-ci.

28. Solide limité à deux droites. — On peut utiliser un corps présentant une ouverture en forme de V (*fig.* 56). Si l'ouverture

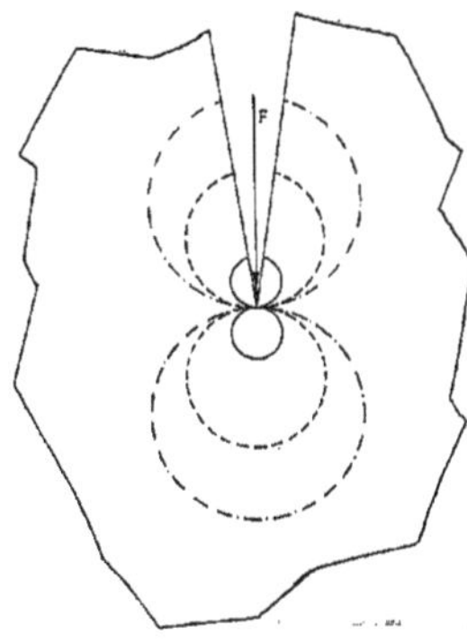

Fig. 56.

est très étroite, pour que les colorations soient les mêmes que dans la surface limitée à un plan, il faut que la force soit double, les réactions étant constituées moitié par des tensions (en arrière du point d'application de la force), moitié par des pressions égales (en avant de la force). La formule est donc

$$\nu = -\frac{F}{\pi e r}\cos\alpha.$$

La loi de répartition des tensions intérieures cesserait d'être applicable si le V se fermait tout à fait. Elle l'est tant qu'il est ouvert si peu que ce soit, nous en verrons la cause un peu plus loin.

29. Pression uniforme sur une longueur AB du contour recti-

ligne. — Je dis que les *lignes isostatiques* sont formées d'une famille d'ellipses et d'une famille d'hyperboles ayant pour foyers communs A et B (*fig.* 57).

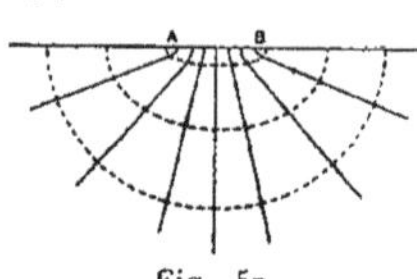

Fig. 57.

On sait que les tangentes à ces courbes sont les bissectrices des rayons vecteurs, celles qui rencontrent le segment AB pour l'hyperbole, celles qui ne le rencontrent pas pour l'ellipse. Ces courbes sont orthogonales puisque les bissectrices de deux angles supplémentaires sont à angle droit.

Pour démontrer la proposition, soit MC la bissectrice de l'angle aigu (*fig.* 58). Considérons deux angles infiniment petits égaux $d\alpha$,

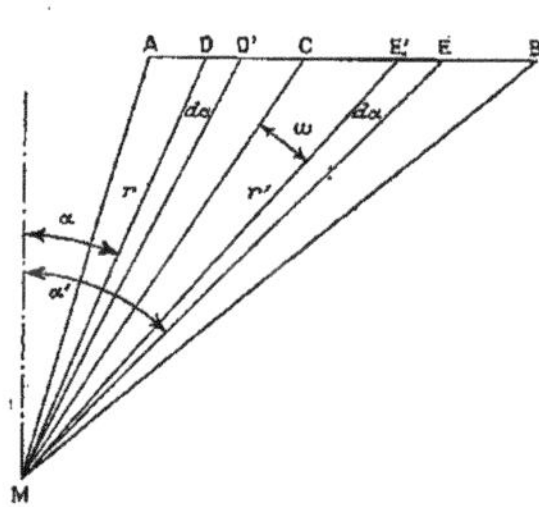

Fig. 58.

symétriquement placés par rapport à MC. Soient r et r' les deux distances DM, EM. Je dis que les pressions extérieures exercées simultanément sur DD' et EE' donnent en M des pressions principales suivant les bissectrices.

En effet, l'arc de circonférence de centre M passant par D et limité à MD' est

$$r\,d\alpha.$$

Donc

$$DD' = \frac{r\,d\alpha}{\cos\alpha}.$$

Mais la formule

$$\nu = -\frac{2P}{\pi e}\frac{\cos\alpha}{r}$$

donne en posant

$$P = p\,DD'$$

pour l'appliquer à l'élément infiniment petit DD'

$$d\nu = -\frac{2}{\pi e}p\,DD'\frac{\cos\alpha}{r},$$

et en remplaçant DD' par sa valeur

$$d\nu = -\frac{2}{\pi e}p\,d\alpha,$$

ce qui donne sur l'élément perpendiculaire à MC

$$d\tau = -\frac{2}{\pi e}\sin\omega\cos\omega\,d\alpha.$$

On trouve la même expression avec le signe contraire pour le cisaillement, produit par la pression agissant sur EE'. La superposition de l'ensemble produit donc une tension principale suivant CM et suivant la direction perpendiculaire. Les directions isostatiques en M sont donc celles des ellipses et hyperboles ayant pour foyer A et B. Ces

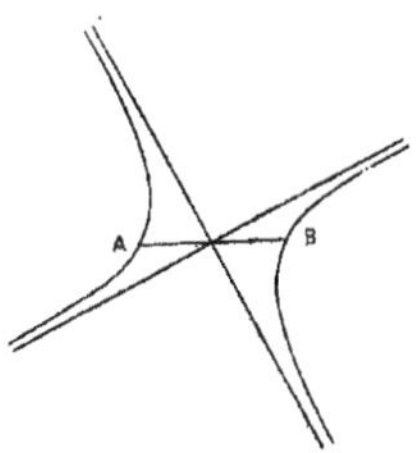

Fig. 59.

points (*fig.* 59) sont des points singuliers de première espèce. Par chacun d'eux passe une isocline qui a pour asymptote deux droites perpendiculaires, l'une parallèle, l'autre perpendiculaire à la direction isostatique considérée et passant le milieu de AB.

Quand AB diminue, les deux courbes tendent vers les deux

asymptotes et à la limite, on a deux isoclines perpendiculaires entre elles passant par le point dans lequel se sont confondus A et B. On a alors le point de première espèce traversé par deux isoclines perpendiculaires que nous avons rencontré à la page 50.

Valeur des tensions principales en M. — Appelons β l'angle AMB, sous lequel du point M on voit la surface pressée. D'après l'avant-dernière formule nous connaissons la tension sur un élément perpendiculaire à la direction α en M. Si nous comptons les angles ω avec la bissectrice, nous aurons

$$d\alpha = d\omega \quad \text{et} \quad d\nu = -\frac{2p}{\pi e}\,d\omega.$$

D'autre part nous savons qu'une tension principale en M donne sur un élément de direction quelconque en ce point, une tension égale au produit de la tension principale par le carré du cosinus de l'angle de cet élément avec celui sur lequel agit la tension principale. La tension principale suivant la bissectrice CM tangente à l'hyperbole, sera donc

$$\nu_1 = -2\int_0^{\frac{\beta}{2}} \frac{2}{\pi e}\,p\cos^2\omega\,d\omega.$$

Mais en ajoutant les relations

$$1 = \cos^2\omega + \sin^2\omega,$$
$$\cos 2\omega = \cos^2\omega - \sin^2\omega,$$

on obtient

$$\int_0^{\frac{\beta}{2}} \cos^2\omega\,d\omega = \int_0^{\frac{\beta}{2}} \frac{1+\cos 2\omega}{2}\,d\omega = \left|\frac{\omega}{2} + \frac{\sin 2\omega}{4}\right|_0^{\frac{\beta}{2}},$$

$$\int_0^{\frac{\beta}{2}} \cos^2\omega\,d\omega = \frac{\beta}{4} + \frac{\sin\beta}{4}.$$

Donc

$$(1) \qquad \nu_1 = -\frac{p}{\pi e}(\beta + \sin\beta);$$

β étant positif, cette expression est toujours négative.

De même dans la direction perpendiculaire

$$\nu_2 = -\frac{4p}{\pi e}\int_0^{\frac{\beta}{2}} \sin^2\omega\,d\omega$$

et en retranchant les relations précédemment utilisées

$$\int_0^{\frac{\beta}{2}} \sin^2 \omega \, d\omega = \int_0^{\frac{\beta}{2}} \frac{1 - \cos 2\omega}{2} \, d\omega = \frac{\beta}{4} - \frac{\sin \beta}{4}.$$

Donc la tension principale, tangente à l'ellipse, est

$$(2) \qquad \nu_2 = -\frac{p}{\pi e}(\beta - \sin \beta);$$

β étant positif, cette expression est toujours négative et tend vers zéro quand on s'éloigne assez de la surface pressée pour que β soit très petit.

Vérification. — Quand on est à une distance de la surface pressée suffisante, pour que AB soit négligeable par rapport à cette distance, les hyperboles se confondent avec leurs asymptotes qui concourent au centre de la surface pressée, les ellipses deviennent des cercles. En même temps β tend vers sin β et l'on a à la limite

$$\nu_1 = -\frac{p}{\pi e} 2\beta.$$

$$\nu_2 = 0.$$

Mais alors, en cherchant à exprimer β en fonction de P et α (*fig.* 60),

$$AB = \frac{AC}{\cos \alpha} = \frac{r\beta}{\cos \alpha},$$

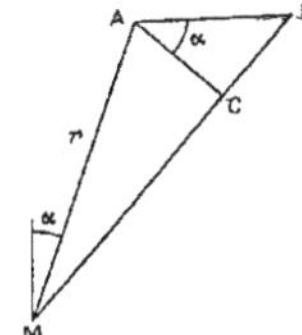

Fig. 60.

d'où

$$\beta = AB \frac{\cos \alpha}{r},$$

et par suite

$$\nu_1 = -\frac{2pAB}{\pi e} \frac{\cos \alpha}{r} = -\frac{2P}{\pi e} \frac{\cos \alpha}{r}.$$

Les pressions principales au voisinage de la surface sont, en dessous de AB, égales toutes deux à $\frac{p}{e}$.

En faisant $\beta = \pi$ on trouve en effet

$$\nu_1 = \nu_2 = -\frac{p}{\pi e}\pi = -\frac{p}{e}.$$

Quand on sort de cet espace à droite ou à gauche, la pression tombe immédiatement à zéro au voisinage de la surface :

$$\nu_1 = \nu_2 = 0, \qquad \text{lorsque } \beta = 0.$$

Déplacements de la surface. — Allongement de la longueur pressée d :

$$-\frac{pd}{e\varepsilon}(1-\eta) = -\frac{P}{e}\frac{1-\eta}{\varepsilon}$$

Cet allongement ne dépend que de la valeur de P, non de la longueur pressée. Il est toujours différent de zéro, sauf dans le cas où $\eta = 1$. Ce cas théorique est celui où les surfaces du corps soumis à des efforts situés dans le plan x, y ne change pas d'aire dans ce plan, en l'absence de tensions parallèles à Oz. On peut en réaliser une image avec une feuille de caoutchouc astreinte à ne pas changer d'épaisseur (volume constant).

Hors de la surface pressée, sur la face supérieure, les tensions ν_1 et ν_2 sont nulles, les déplacements horizontaux sont donc constants hors de cette surface pressée et égaux à

$$u = -\frac{P}{2e}\frac{1-\eta}{\varepsilon}$$

à droite de l'axe, de signe contraire et égaux en valeur absolue à gauche.

Cavité. — Si l'on envisageait d'une part un corps infini limité à une droite inférieure et soumis à une traction $\frac{P}{2}$, d'autre part un corps infini limité à une droite supérieure et soumis à une compression $\frac{P}{2}$, les déplacements v des points limites de ces deux corps dans le sens vertical seraient évidemment égaux aux points à même distance du centre, mais les u différeraient d'une constante si $\eta \neq 1$, les changements de longueur de la partie sur laquelle agit la force étant de signe contraire (*fig.* 61). Donc en général on ne peut les raccorder, à moins de supposer une fente dans le prolongement

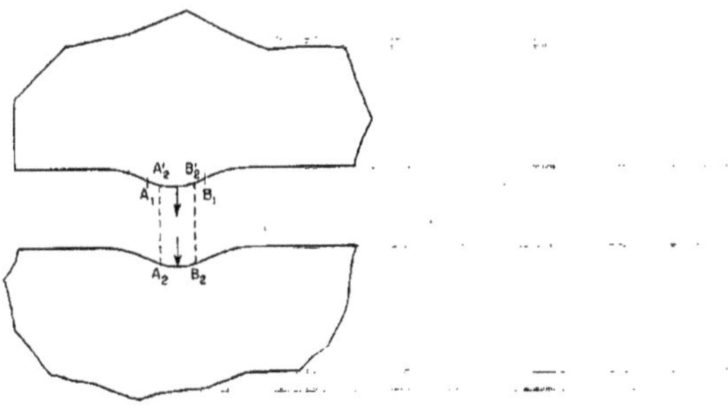

Fig. 61.

de la force, les côtés de cette fente s'écartant par translation perpendiculaire de $\frac{P}{e}\frac{1-\eta}{\varepsilon}$.

Ces formules ne sont en général utilisables qu'au cas d'une force appliquée au contour extérieur d'un corps solide. Elles sont utilisables quelle que soit la forme du corps, pourvu que le contour extérieur passe par le point pressé et en particulier dans le cas d'une cavité intérieure rattachée à la surface extérieure par une

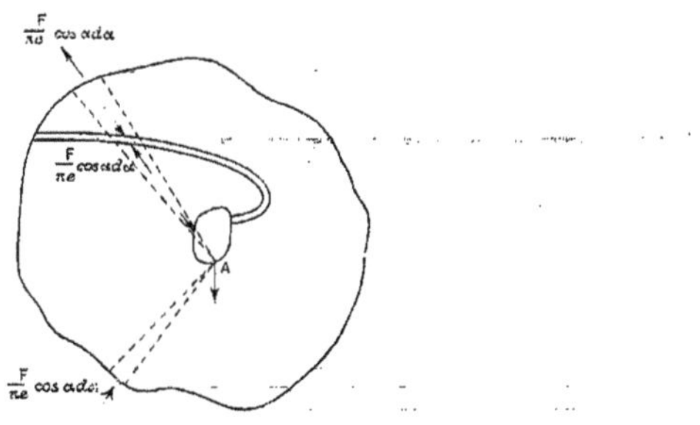

Fig. 62.

fente étroite à travers laquelle les forces sont transmises par un artifice quelconque (*fig.* 62). Mais les parties supérieures du corps, se raccordant à la partie inférieure suivant l'horizontale du point A d'application de la force, subiront l'une par rapport à l'autre une translation perpendiculaire à la force. Cette translation aura pour valeur

$$\frac{P}{e} \frac{1-\eta}{\varepsilon}.$$

Sa valeur sera donc égale à la projection sur la verticale de la somme des forces appliquées au contour de la cavité, multipliées par $\frac{1-\eta}{e\varepsilon}$.

Par suite pour que des forces appliquées au contour d'une cavité existant dans l'intérieur d'un corps continu sans fente puissent se décomposer suivant la loi que nous avons supposée, il faut et il suffit que la somme de leurs projections sur deux axes perpendiculaires soit nulle.

Les tensions et les cisaillements seront indépendants des coefficients d'élasticité, car les formules qui les déterminent en sont indépendantes. M. Michell (¹) avait obtenu ce résultat par une tout autre voie.

EXEMPLES DE DÉTERMINATIONS PRATIQUES.

30. **Corps infini soumis à une tension ν en tous sens et percé d'un trou** (*fig.* 63). — I. Je puis remplacer, la matière du cercle dans

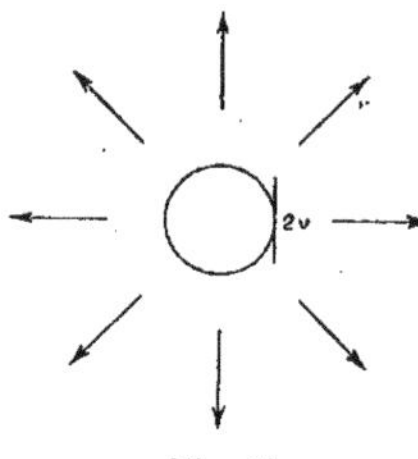

Fig. 63.

le corps non percé, par une tension ν appliquée sur tout son pourtour.

Ce corps subira partout dans tous les sens ν.

(¹) *Proceedings of the London Mathematical Society*, avril 1899, p. 100.

II. Je superpose la solution d'un corps identique qui serait soumis uniquement à une tension $-\nu$ sur tout le bord du trou.

Il subirait sur tout le contour du trou une tension tangente au contour égale à ν, d'après la formule du tuyau d'épaisseur infinie, sollicité perpendiculairement à son contour intérieur.

III. Le corps soumis à l'étreinte ν comptée vers l'extérieur, subira une tension tangente au bord du trou égale, en vertu de I et II, à

$$\nu_t = \nu + \nu = 2\nu.$$

31. Corps infini soumis à une tension uniforme et percé d'un trou circulaire [1]. — I. Je puis supposer d'abord le corps non percé tendu par une tension uniforme ν. Je trace sur ce corps la circonférence (*fig.* 64).

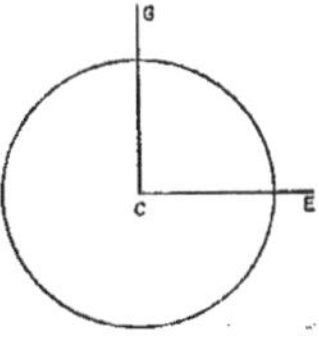

Fig. 64.

Hors de celle-ci, au point E, on a : 1° perpendiculairement au contour

$$\nu_1 = 0, \tag{1}$$

2° sur le diamètre du trou perpendiculaire à la tension, une tension

$$\nu_2 = \nu. \tag{2}$$

Nous pouvons maintenant enlever le solide qui est à l'intérieur de la circonférence, à condition de le remplacer par une traction égale à $\nu\, dA$ dans chaque tube, de section dA, parallèle à la tension extérieure. Rien ne sera changé.

II. Si je veux faire retomber au repos le contour du trou, il faudra

---

[1] Ce problème a été déjà résolu mais par des procédés moins élémentaires (Dr Alfons Leon, *Oesterreische Monatschrift für den Offentlichen Baudienst*, 1908, p. 166).

que j'ajoute des contraintes $-\nu dA$ et que je superpose, les contraintes qui en résulteront, à celles que j'ai déjà.

a. Pour étudier l'effet des contraintes $-\nu dA$, je commence par étudier l'effet sur le contour et à l'extérieur de deux poussées opposées F appliquées aux points A et B.

Pour cela je cherche : 1° à réaliser un état d'équilibre dû à ces forces, 2° ce qu'il produit sur et à l'extérieur du cercle.

J'équilibrerai la poussée F en A en supposant que dans tous les tubes infiniment minces formés en élévation de droites aboutissant au

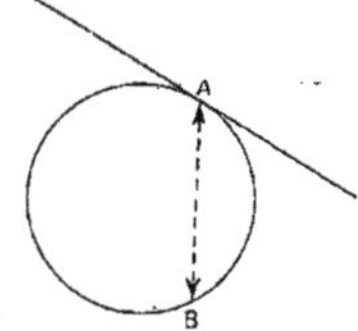

Fig. 65.

point A (*fig.* 65), règne sur chaque section droite une tension

$$\frac{2F}{\pi e r}\cos\alpha.$$

α étant l'angle de la direction du tube avec celle de la direction de A vers B. En effet comme nous l'avons trouvé déjà les tubes, au-dessus de la tangente, ont pour résultante — F.

Les droites qu'on peut tracer à partir de A dans le corps au-dessous de cette tangente, forment des tubes qui sont tous interrompus par la circonférence. Il faut sur le pourtour de cette circonférence appliquer des forces maintenant leur équilibre.

Je fais les mêmes opérations au point B.

En un point M quelconque du contour distant de a du point A et de b du point B (*fig.* 66), j'ai sur le contour une tension

$$\nu'_1 = \frac{2F}{\pi e}\left(\frac{\cos\alpha}{a}\cos^2 \mathrm{AMN} + \frac{\cos\beta}{b}\cos^2 \mathrm{NMB}\right).$$

Mais AMN a pour mesure la moitié de l'arc NA; l'angle β, la moitié de l'arc AM. Donc ces angles sont complémentaires. Par suite

$$\nu'_1 = \frac{2F}{\pi e}\left(\frac{\cos\alpha \sin^2\beta}{a} + \frac{\cos\beta \sin^2\alpha}{b}\right).$$

Si l'on pose AB $= h$ et si l'on écrit la proportionnalité des côtés du

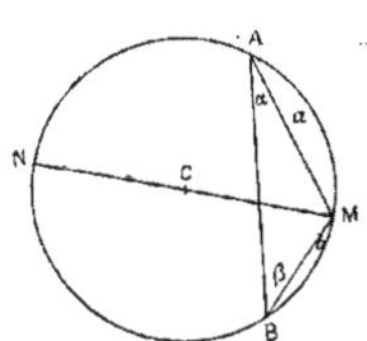

Fig. 66.

triangle aux sinus des angles opposés dans le triangle ABM, on a

$$\frac{\sin\beta}{a} = \frac{\sin M}{h} \quad \text{et} \quad \frac{\sin\alpha}{b} = \frac{\sin M}{h};$$

donc en remplaçant

$$\nu'_1 = \frac{2F}{\pi e}\frac{\sin M}{h}(\cos\alpha \sin\beta + \cos\beta \sin\alpha)$$

$$= \frac{2F}{\pi e}\frac{\sin M}{h}\sin(\alpha + \beta).$$

Mais

$$\sin(\alpha + \beta) = \sin M,$$

par suite

$$\nu'_1 = \frac{2F}{\pi e h}\sin^2 M,$$

ν'_1 est donc constant. On peut l'exprimer au moyen de l'angle au

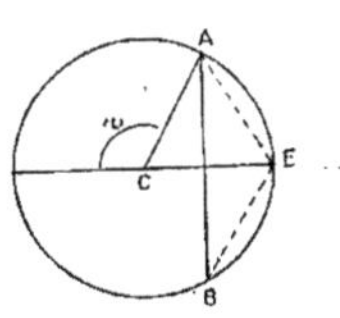

Fig. 67.

centre $\omega = M$, mesuré sur le diamètre perpendiculaire à AB, et du rayon c de la circonférence (*fig.* 67).

On obtient

$$(i)\qquad \nu'_1 = \frac{2F}{\pi e\, 2c \sin\omega} \sin^2\omega = \frac{F}{\pi ec} \sin\omega.$$

De même on constate que le cisaillement est nul sur la circonférence.

J'ai donc réalisé un état d'équilibre avec deux poussées F *et une tension uniforme* (*i*) *sur tout le contour* et je connais les contraintes à l'extérieur du contour circulaire. En ajoutant tout à l'heure sur le contour une tension uniforme $-\frac{F}{\pi er}\sin\omega$, et l'état de contrainte qui en résultera à l'extérieur du contour, il ne restera plus que deux forces isolées F et un état de contrainte connu à l'extérieur du contour.

Tension parallèle au contour produite en E *par* $\frac{2F}{\pi er}\cos\alpha$. — J'ai en E une tension principale parallèle au contour de valeur

$$\nu'_2 = 2\frac{2F}{\pi er}\cos^3 \mathrm{BAE} = \frac{4F}{\pi er}\cos^3\frac{\mathrm{ACE}}{2} = \frac{4F}{\pi er}\sin^3\frac{\omega}{2}.$$

Mais

$$r \sin\frac{\omega}{2} = c \sin\omega,$$

donc

$$(j)\qquad \nu'_2 = \frac{4F}{\pi ec}\,\frac{\sin^4\frac{\omega}{2}}{\sin\omega}.$$

b. Application de ces formules au cas II. — Valeur de F, correspondant à la tension ν :

Dans un angle $d\omega$, on a sur le contour une surface

$$e.cd\omega,$$

dont la projection est sur le plan diamétral CE

$$ec\cos\left(\omega - \frac{\pi}{2}\right)d\omega = ec\sin\omega\, d\omega.$$

La force F est donc

$$F = \nu ec \sin\omega\, d\omega.$$

Calcul de la tension ν_1 *sur le contour du trou.* — En remplaçant dans la valeur de ν'_1 de la formule (*i*), il vient

$$\nu'_1 = \frac{\nu}{\pi}\sin^2\omega\, d\omega.$$

Je prends toutes les valeurs de F que je rencontre dans une demi-circonférence et je les ajoute pour avoir la *tension uniforme totale sur le contour du trou*, elle est (d'après la quadrature déjà faite)

$$\nu_1 = \frac{\nu}{\pi}\int_0^{\pi} \sin^2\omega\, d\omega = \frac{\nu}{\pi}\,\frac{\pi}{2} = \frac{\nu}{2}. \tag{3}$$

Calcul de la tension sur le diamètre CE *en* E. — En remplaçant F dans l'expression (f) de ν_2', il vient

$$\nu_2' = \frac{4\nu}{\pi}\sin^4\frac{\omega}{2}\, d\omega.$$

Il faut sommer dans une demi-circonférence, on obtient pour la *pression totale en* E

$$\nu_2 = 4\,\frac{\nu}{\pi}\int_0^{\pi}\sin^4\frac{\omega}{2}\, d\omega = 4\,\frac{\nu}{\pi}\,\frac{3}{8}\,\pi = \frac{3}{2}\nu, \tag{4}$$

car

$$\sin^2\frac{\omega}{2} = \frac{1-\cos\omega}{2},$$

$$\sin^4\frac{\omega}{2} = \frac{1-2\cos\omega+\cos^2\omega}{4} = \frac{1}{4} - \frac{\cos\omega}{2} + \frac{1+\cos 2\omega}{8}$$
$$= \frac{3}{8} - \frac{\cos\omega}{2} + \frac{\cos 2\omega}{8}.$$

J'ai ainsi obtenu un corps percé d'un trou circulaire sollicité par les poussées F définies en II, mais sollicité en outre par une tension uniforme $\frac{\nu}{2}$ au contour de ce trou.

III. Je cherche maintenant à annuler la tension $\frac{\nu}{2}$ qui existe sur tout le contour du trou. Pour cela je superpose ce qui se passe dans un corps identique sollicité par une tension $-\frac{\nu}{2}$ au contour du trou.

Pour y parvenir j'utilise les formules des tuyaux soumis à une pression intérieure. En augmentant indéfiniment l'épaisseur du tuyau, on trouve que la pression intérieure est exprimée par le même nombre que la tension tangente à la paroi. Ici la tension intérieure étant

$$\nu_1 = -\frac{\nu}{2}, \tag{5}$$

la tension en E sur la perpendiculaire au diamètre est

$$\nu_2 = \frac{\nu}{2}. \tag{6}$$

IV. *Tension sur le diamètre en* E. — En ajoutant les valeurs trouvées en (2), (3) et (6),

$$\nu_2 = \nu + \frac{3}{2}\nu + \frac{\nu}{2} = 3\nu.$$

V. *La tension ν_3 parallèle au contour à l'extrémité* G *du diamètre parallèle à la tension ν est $\nu_3 = -\nu$ (fig. 68).*

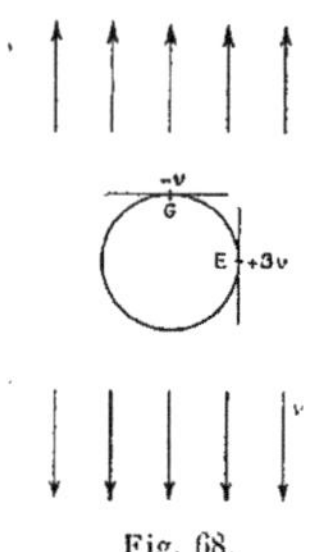

Fig. 68.

Pour le démontrer je m'appuie sur ce que dans un état de tension double, de valeur ν, les tensions tangentes au contour d'un trou circulaire sont 2ν (problème précédent, § 30).

Si cela est, je superpose à cette solution celle du corps soumis à $-\nu$ dans le sens horizontal, sur l'axe vertical au bord du trou j'ai, d'après IV, -3ν. J'obtiens ainsi le corps soumis uniquement à une tension ν dans le sens vertical; à l'extrémité de l'axe vertical la tension tangente au bord du trou est

$$\nu_3 = 2\nu - 3\nu = -\nu.$$

32. Corps fini soumis à une tension uniforme et percé d'un trou circulaire. — Quand le corps, percé d'un trou circulaire, a des dimensions finies, l'élasticité ne fournit plus de solution. C'est cependant le cas important pour la connaissance des tensions dans les pièces rivées. M. Coker, professeur à University College à Londres, a pu déterminer les tensions dans une pièce ainsi percée. La figure 69 donne le résultat de ses mesures.

Au bord du trou, la tension est sensiblement triple de ce que donne le calcul usuel consistant à répartir uniformément la traction sur la section, déduction faite des trous de rivet. Cela met en évidence le *grave danger des métaux fragiles*. Si, en effet, on suppose que la limite d'élasticité n'est pas inférieure à la limite de rupture, toutes les fois qu'un rivet est desserré, que, par conséquent, la tête ne peut

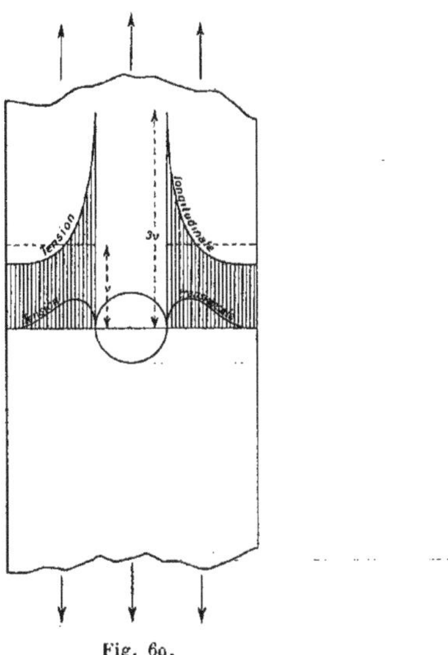

Fig. 69.

transmettre les efforts; sur le bord du trou, naissent des tensions capables d'entraîner la rupture avec les coefficients de sécurité généralement adoptés.

J'ai eu occasion d'observer des ruptures ainsi produites sous une surcharge inférieure à celle du calcul dans des fermes en métal phosphoreux, dont on n'avait pas alésé les trous de rivets. La fatigue calculée à la manière usuelle était de 10 kg/mm². Le métal se rompait sous environ 30 kg/mm² sans *déformation permanente*. Quelques-unes seulement des fermes se sont rompues probablement parce que leurs rivets serraient moins fort. D'autres ont résisté probablement parce que les têtes des rivets bien serrées compensaient les trous de rivet.

Il a fallu, pour conserver ces fermes, les renforcer afin qu'en aucun cas on ne pût atteindre le quart de la limite de rupture.

Avec les métaux ductiles, la déformation permanente empêche les tensions d'atteindre les limites dangereuses.

33. Étude des briquettes utilisées pour les essais de ciments. — En Europe, on emploie généralement la briquette allemande en 8, qui répartit très inégalement les tensions dans la section de rupture. Le calcul de la tension de rupture fait sur la tension moyenne ne donne qu'un résultat très éloigné de la vérité.

M. Coker a étudié une forme de briquette (*fig.* 70), qui donne

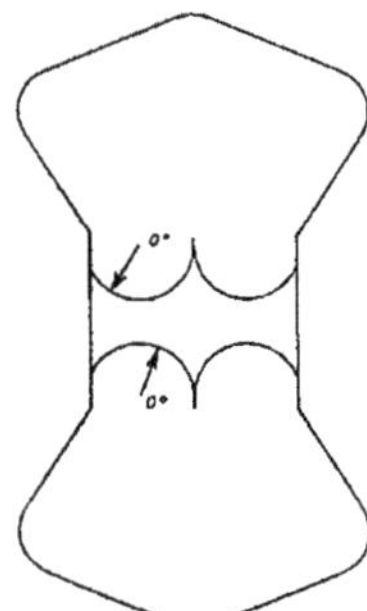

Fig. 70.

une extinction complète dans la région centrale quand un plan principal de l'appareil de polarisation est parallèle à l'axe. Il y a alors une tension uniforme dans cette région centrale.

Toute la difficulté est d'empêcher la rupture de se produire hors de cette région, dans celles où existent des tensions plus grandes. On peut donc craindre que les ruptures surviennent hors de la section où l'on désire l'obtenir.

34. Étude d'ouvrages sur des modèles réduits. — J'ai appliqué cette méthode au Laboratoire de l'École des Ponts et Chaussées au contrôle des calculs d'un pont de 95^{m} d'ouverture projeté pour la traversée du Rhône à la Balme, entre les départements de l'Ain et de la Savoie. Les calculs avaient été faits par des personnes très compétentes et contrôlés par Charles Rabut, en tenant compte, autant que possible, de la liaison de l'arc au tablier.

Ils étaient très considérables, la vérification avait fait reconnaître quelques erreurs de méthodes et de nombres. Des calculs complémentaires, présentés à la suite d'observations faites sur les premiers, formaient un cahier de 48 pages. La vérification n'avait-elle laissé échapper aucune autre faute? En outre, pour un aussi grand ouvrage, ne convenait-il pas de faires quelques vérifications expérimentales préalables? Des essais faits au laboratoire sur un modèle en bois et métal, au $\frac{1}{20}$ avec des appareils Manet-Rabut, avaient fourni des résultats intéressants, mais beaucoup d'indications très difficilement interprétables. D'autre part, le Comité de la vicinalité n'était nullement disposé à approuver un projet qui lui laissait des doutes.

Dans ces conditions, pour arriver à une solution, je fis exécuter un modèle en verre du pont à l'échelle du $\frac{1}{333}$.

Ce modèle, dont la dépense n'a pas atteint le millième du prix de l'ouvrage, a permis enfin de faire des mesures qui ont montré sans hésitation possible l'accord très suffisant des calculs avec la réalité et ont déterminé l'approbation du projet qui est aujourd'hui exécuté avec plein succès.

J'ai même pu reproduire l'effet d'une élévation de température en comprimant le cadre du modèle (1).

La méthode ci-dessus ne réussit que pour les problèmes où les tensions ne dépendent que de deux dimensions du modèle. Pour les problèmes à trois dimensions, je ne connais d'autre procédé que d'amener à rupture des modèles à trois dimensions, soit fabriqués avec la même matière, soit avec des matières dont les coefficients aient sensiblement le même rapport entre eux que dans la matière qu'on compte utiliser.

35. **Répartition de la charge d'une construction métallique sur de la maçonnerie.** — Dernièrement, j'ai eu à formuler un avis sur les pressions produites dans une maçonnerie par une construction métallique qui s'appuyait sur elle. La construction métallique reposait sur la maçonnerie par l'intermédiaire d'un enduit, d'une tôle et

(1) MESNAGER, *Annales des Ponts et Chaussées*, 1913, fasc. IV.

de deux cornières qui transmettaient seules à celle-ci l'effort apporté par une tôle verticale. D'après le constructeur cet ensemble devait répartir uniformément la charge sur la maçonnerie.

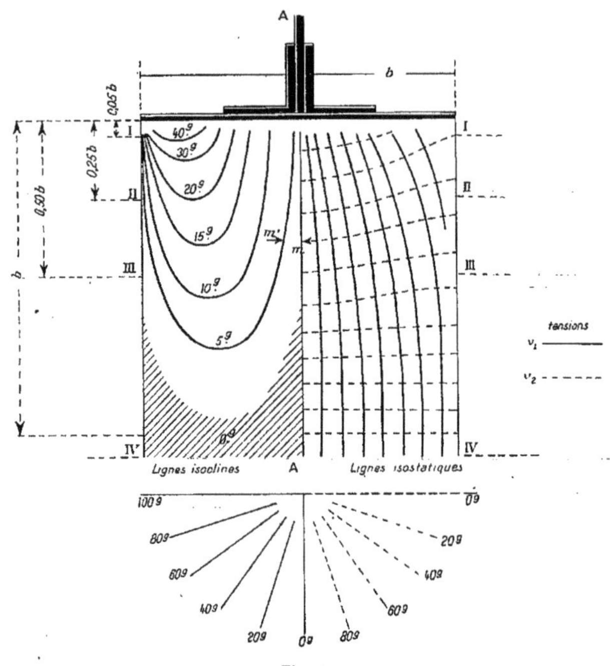

Fig. 71.

D'autres soutenaient que la répartition était très loin d'être uniforme et expliquaient ainsi un écrasement de cette maçonnerie. Le calcul ne donnait que des indications insuffisantes.

On a pris un prisme en verre et l'on a appuyé sur lui une pièce de même matière présentant la section du métal. Toutefois, comme les déplacements sous des efforts, de pièces en porte à faux encastrées à leur extrémité, sont inversement proportionnels au produit de leur moment d'inertie (soit à la troisième puissance de leur épaisseur)

Section II-II.
Section III-III.
Section I-I.
Section IV-IV.
pression moyenne

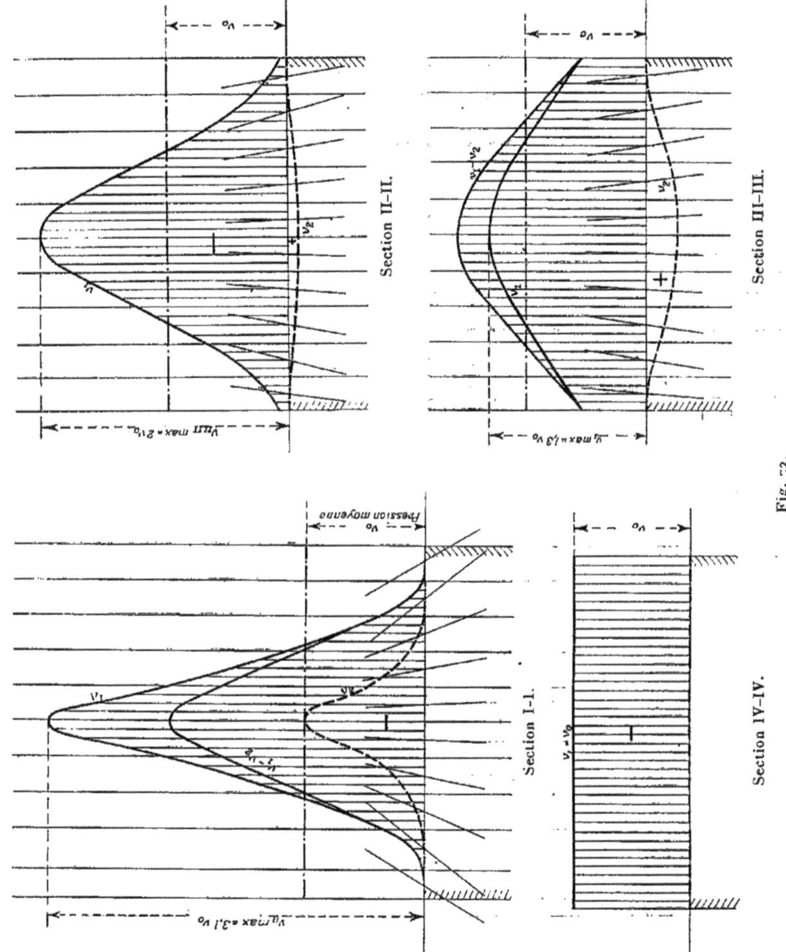

Fig. 72.

par leur module d'Young, que d'autre part le module de la maçonnerie est sensiblement cinq fois plus petit que celui de l'acier, il fallait que l'épaisseur du verre figurant le métal fût $\sqrt[3]{5}$ fois plus forte que l'épaisseur vraie, soit un peu plus de 1,7 fois. Pour pouvoir conclure *a fortiori*, on l'a porté à un peu plus de 2 fois, exactement à 2,1 fois.

En outre, on n'a pu faire les mesures à la limite du corps représentant la maçonnerie à cause des petites irrégularités locales qui donnaient des lectures irrégulières d'un point à l'autre. On a dû faire les lectures à une distance de la surface libre égale à 0,05 de la largeur.

On a obtenu les résultats représentés dans les figures 71 et 72.

La pression est plus que triplée.

BIBLIOGRAPHIE.

BREWSTER. — Double réfraction du verre (*Philosophical Transactions*, 1816, p. 156; *Edinburgh Transactions*, 8, 1818, p. 369).

WERTHEIM. — Sur la double réfraction temporaire (*Annales de Physique et de Chimie*, 1854, p. 156).

LÉGER. — Constitution des corps trempés (*Ingénieurs civils de France*, 19 octobre 1877 et 15 mars 1878).

CARUS WILSON. — The influence of surface loading in the flexure of beams (*Philosophical Magazine*, décembre 1891, p. 481).

MESNAGER. — La déformation des solides (*Congrès international des Méthodes d'essai des Matériaux de construction*, Paris, t. I, 1900, p. 149).

MESNAGER. — La déformation des solides (*Congrès international de Physique*, t. I, 1900, p. 348 à 354).

MESNAGER. — Contribution à l'étude de la déformation élastique (*Annales des Ponts et Chaussées*, t. IV, 1901, p. 129).

MESNAGER. — Mesure des efforts inférieurs (*Congrès de l'Association internationale pour l'essai des Matériaux*, Budapest, 1901).

KÖNIG. — Doppelbrechung in transversal schwingenden Platten (*Annalen der Physik*, IV, 1901, p. 1).

MESNAGER. — Tensions intérieures produites par deux forces égales directement opposées (*Comptes rendus de l'Académie des Sciences*, 30 décembre 1901, p. 1286).

KÖNIG. — Doppelbrechung in Glasplatten bei statischer Biegung (*Annalen der Physik*, 1903, p. 842).

HÖNIGSBERG. — *Zeitschrift des Oesterreichen Ingenieur Vereines*, 11 mars 1904; *Zeitschrift des Vereines Deutschere Ingenieur*, 1904 et 1907.

COKER. — The optical determination of stress (*Philosophical Magazine*, octobre 1910, p. 740).

COKER. — Photo-elasticity (*Engineering*, 6 janvier 1911, p. 1).

HÖNIGSBERG. — Photo-elasticity (*Engineering*, 17 mars 1911, p. 345).

COKER. — Photo-elastic determination of stress (*Engineering*, 21 avril 1911, p. 566).

MESNAGER. — Utilisation de la double réfraction accidentelle (*Congrès de l'Association internationale pour l'essai des matériaux*. New-York, 1912).

MESNAGER. — Sur une méthode pour déterminer à l'avance les tensions qui se produisent dans une construction (*Comptes rendus*, 25 novembre 1912, p. 1071).

COKER and CHAKKO. — *Philosophical Transactions*, vol. 221, p. 139-162; Optical Stress analysis (*Engineering*, 25 février 1916).

COKER. — Photo-elastic measurements (*The Institution of Civil Engineers*, Session 1918-1919, Part II).

COKER. — *Engineering*, 7 janvier 1921.

COKER. — Influence des trous (*General electric Review*, décembre 1920, p. 966).

HEYMANS. — Photo-élasticimétrie (extrait du *Bulletin de la Société belge des Ingénieurs et industriels*, t. II, n° 2, 1921, Bruxelles).

COKER et HEYMANS. — Influence des entailles (*Engineering*, 6 janvier 1922, p. 26).

COKER. — Recherches récentes sur la photo-élasticimétrie (*Société des Ingénieurs civils*, juillet-septembre 1922, p. 388).

FRIEDEL. — Sur la biréfringence du diamant (*Bulletin de la Société française de Minéralogie*, mars et avril 1924, p. 60 à 117).

MESNAGER. — Les tensions intérieures rendues visibles (*Technique moderne*, 6 et 15 mars 1924).

COKER. — Étude du pont Vierendeel. Contact du boulon et du trou (*Congrès de Mécanique appliquée*. Delft 1924).

FAVRE. — *Schweizerickesche Bauzeitung*, 3 et 10 décembre 1927.

DELANGHE. — *Génie civil*, 10, 17 et 24 septembre 1927; *Revue d'Optique théorique et expérimentale* (3, boulevard Pasteur), 7, 1928, p. 237 à 265 et 285 à 313.

FAVRE. — Sur une nouvelle méthode optique de détermination des tensions intérieures (Éditions de la *Revue d'Optique*, 3, boulevard Pasteur, 1929).

TABLE DES MATIÈRES.

PARIS. — IMPRIMERIE GAUTHIER-VILLARS ET Cie.
Quai des Grands-Augustins, 55.
85805-29

LIBRAIRIE GAUTHIER-VILLARS ET Cie
55, QUAI DES GRANDS-AUGUSTINS, PARIS (6e).

Envoi franco dans toute l'Union postale contre chèque ou valeur sur Paris.
Frais de port en sus. (Chèques postaux : Paris 29323). R. C. Seine, 22520.

Mémorial
des Sciences Mathématiques

DIRECTEUR : Henri VILLAT
Correspondant de l'Académie des Sciences,
Professeur à la Sorbonne,
Directeur du « Journal de Mathématiques pures et appliquées ».

Volumes in-8 raisin (25 × 16) se vendant séparément :

Fascicules parus :

Fasc.

1. *Paul Appell.* — Sur une forme générale des équations de la dynamique .... 15 fr.
2. *G. Valiron.* — Fonctions entières et fonctions méromorphes .... 15 fr.
3. *Paul Appell.* — Séries hypergéométriques de plusieurs variables, polynomes d'Hermite et autres fonctions sphériques de l'hyperespace .... 15 fr.
4. *M. d'Ocagne.* — Esquisse d'ensemble de la Nomographie .... 15 fr.
5. *P. Lévy.* — Analyse fonctionnelle .... 15 fr.
6. *E. Goursat.* — Le problème de Bäcklund .... 15 fr.
7. *A. Buhl.* — Séries analytiques. Sommabilité .... 15 fr.
8. *Th. de Donder.* — Introduction à la gravifique einsteinienne .... 15 fr.
9. *E. Cartan.* — La Géométrie des espaces de Riemann .... 15 fr.
10. *P. Humbert.* — Fonctions de Lamé et fonctions de Mathieu .... 15 fr.
11. *G. Bouligand.* — Fonctions harmoniques. Principes de Picard et de Dirichlet .... 15 fr.
12. *R. Gosse.* — La méthode de Darboux pour les équations $s = f(x, y, z, p, q)$ .... 15 fr.
13. *A. Véronnet.* — Figures d'équilibre et Cosmogonie .... 15 fr.
14. *Th. de Donder.* — Théorie des champs gravifiques .... 15 fr.
15. *S. Zaremba.* — La logique des Mathématiques .... 15 fr.
16. *A. Buhl.* — Formules stokiennes .... 15 fr.
17. *G. Valiron.* — Théorie générale des Séries de Dirichlet .... 15 fr.
18. *A. Sainte-Laguë.* — Les Réseaux (ou Graphes) .... 15 fr.
19. *R. Lagrange.* — Calcul différentiel absolu .... 15 fr.
20. *A. Bloch.* — Les fonctions holomorphes ou méromorphes dans le cercle unité .... 15 fr.
21. *M. Janet.* — Les systèmes d'équations aux dérivées partielles .... 15 fr.
22. *L. Godeaux.* — Les transformations birationnelles du plan .... 15 fr.
23. *Georges Rémoundos.* — Extension aux fonctions algébroïdes multiformes du théorème de M. Picard et de ses applications .... 15 fr.
24. *N. E. Nörlund.* — Sur la « Somme » d'une fonction .... 15 fr.
25. *Georges Darmois.* — Les équations de la gravitation einsteinienne .... 15 fr.
26. *Bertrand Gambier.* — Déformation des surfaces étudiée du point de vue infinitésimal .... 15 fr.
27. *Paul Appell.* — Le problème géométrique des déblais et remblais .... 15 fr.
28. *Émile Cotton.* — Approximations successives et équations différentielles .... 15 fr.
29. *C. Guichard.* — Les courbes de l'espace à n dimensions .... 15 fr.
30. *Ludovic Zoretti.* — Les principes de la Mécanique classique .... 15 fr.
31. *Bertrand Gambier.* — Applicabilité des surfaces étudiée du point de vue fini .... 15 fr.
32. *Ch. Riquier.* — La Méthode des Fonctions majorantes et les systèmes d'Équations aux dérivées partielles .... 15 fr.
33. *A. Buhl.* — Aperçus modernes sur la théorie des groupes continus et finis .... 15 fr.
34. *H. Vergne.* — Ondes liquides de gravité .... 15 fr.
35. *Léon Lecornu.* — Théorie mathématique de l'élasticité .... 15 fr.
36. *Paul Appell.* — Sur la décomposition d'une fonction méromorphe en éléments simples .... 15 fr.
37. *G. Cerf.* — Transformations de contact et Problème de Pfaff .... 15 fr.
38. *G. Valiron.* — Familles normales et quasi-normales de Fonctions méromorphes .... 15 fr.
39. *T. Nagell.* — L'analyse indéterminée de degré supérieur .... 15 fr.

Nombreux fascicules en préparation. Consulter la Notice spéciale.

83805-29 Paris. — Imp. GAUTHIER-VILLARS et Cie, 55, quai des Grands-Augustins.

www.ingramcontent.com/pod-product-compliance
Ingram Content Group UK Ltd.
Pitfield, Milton Keynes, MK11 3LW, UK
UKHW020310220726
13923UKWH00003B/1071